KB188130

제2판

스마트팩토리

제4차 산업혁명의 출발점

SMART FACTORY
THEORY AND PRACTICE

정동곤 지음

한울
아카데미

이 도서의 국립중앙도서관 출판예정도서목록(CIP)은 서지정보유통지원시스템 홈페이지(http://seoji.nl.go.kr)와
국가자료종합목록 구축시스템(http://kolis-net.nl.go.kr)에서 이용하실 수 있습니다.
CIP제어번호 : CIP2020022358

들어가는 말

　최근 들어 산업계에서 전 세계적으로 이슈가 되고 있는 키워드는 사물인 터넷IoT, 사이버물리시스템CPS, 인공지능AI, 스마트팩토리, 인더스트리 4.0, 4차 산업혁명 등이다. 코트라KOTRA가 2016년 발표한 「독일 중소·중견 기업의 디지털화 도입 현황」 보고서에 따르면 스마트팩토리 도입이 미흡한 것으로 조사된 기업이 전체 설문 대상 941개 업체 중 27.5%에 달했다. 응답 기업의 28.6%만이 스마트팩토리 도입이 '매우 진전' 또는 '진전'되었다고 답했으며, 44.1%가 중간 단계에 이르렀다고 답변했다. 독일 내 다수의 중소기업들에게는 스마트팩토리 도입이 아직까지 미해결 과제로 남아 있는 것이다. 조사에 응한 독일 중소기업들은 스마트팩토리 도입에 어려움을 주는 요인으로 노후 설비 개선, 비용 및 전문 인력 확보, 최신 기술과 서비스 도입 등을 공통적으로 꼽았다. 한편 또 다른 조사에서는 독일 기업들이 스마트팩토리 도입을 추진하는 가장 큰 이유로 작업 공정 단순화(83.4%)를 들었으며, 매출 성장(48.2%), 제품 및 서비스 혁신(43.7%), 신규 시장 진출(38.8%), 새로운 영업모델 도입(28.6%) 등이 뒤를 이었다.

　스마트팩토리는 생산전략이나 자동화 수준 등 기업이 처한 상황에 따라 다양한 모습으로 구현될 수 있다. 자동화된 라인에서 반도체나 디스플레이

같은 부품을 생산하는 공장과 휴대폰이나 신발 같은 완제품을 수작업으로 만드는 공장의 모습은 다를 수밖에 없다. 하이테크 산업은 오래전부터 설비 온라인화를 통해 완전자동화가 되었으며 생산현장도 지능형 의사결정까지는 아니더라도 미리 정의된 수많은 워크플로에 의해 자동화체계로 움직이고 있다. 하지만 최근 4차 산업혁명은 사물인터넷IoT 등을 통해 설비와 제품 간 소통체계를 구축하고 전체 생산과정을 최적화하는 것까지 포함한다. 이전까지 공장자동화는 미리 입력된 프로그램에 따라 설비가 수동적으로 움직였다. 하지만 인더스트리 4.0에서 생산설비는 제품과 상황에 따라 작업 방식을 능동적으로 결정하게 된다. 특히 소비자들에게 최종 완제품을 공급하는 공장은 효율적인 대량생산을 위한 무인자동화시스템 도입을 넘어서 시장 변화에 유연하게 대응하고 점점 더 개인화되는 요구를 충족시킬 수 있도록Mass Customization 새로운 유형의 생산체계를 만드는 작업이 요구된다.

이 책은 4부 13장으로 구성되어 있다. 1부에서는 현장에서 스마트팩토리 관련 업무를 수행하는 데 필요한 기초적인 이론들을 CPIM 지식체계를 바탕으로 설명한다. 2부에서는 기업의 정보시스템에서 상대적으로 소홀히 다루어지던 CMMS/EAM 부분을 저자의 EAM 솔루션 개발 경험에 비추어 살펴본다. 치열한 국제 경쟁에서 기업의 설비관리 문제는 설비자산관리의 핵심이며 그중에서도 설비보전은 큰 비중을 차지한다. 최근에는 기업의 설비관리 문제가 제조설비의 지능화를 통한 설비 운용 최적화 관점에서 많이 다루어진다. 3부에서는 스마트팩토리 관련 4대 솔루션으로 MES, PLM, ERP, SCM을 선정하고 스마트팩토리와의 연관성을 설명한다. 제품설계부터 생산, 유통, 물류에 이르기까지 전 과정을 스마트화하기 위해서는 IoT, CPS 등 최첨단 ICT 기술을 제조과정에 접목해 생산유통 과정의 정보를 실시간으로 수집하고, 빅데이터를 분석하여 그 결과를 다시 제조에 피드백하는 것이 필요하다. 4부에서는 4차 산업혁명을 비롯한 각국의 제조업 르네상스 현황과 독일의 인더스트리 4.0에서 촉발된 스마트팩토리 관련 핵심기술 및 표준화 동향에 대해 살펴본다. 여기에는 국내에서 추진 중인 제조업 3.0의 진단·평가 모델도 포함된다.

IT 전문가는 문제 해결을 위해 최적의 해법을 찾고 시스템을 분석·설계한다. 프로그래머는 IoT, 빅데이터를 비롯한 신기술을 이해하고 최적의 알고리즘과 구현 역량을 바탕으로 최고의 IT 서비스를 구축·제공한다. 제조현장에서 스마트팩토리를 직접 구현하는 전문 인력들은 분석, 설계, 아키텍처, 코딩, 테스트, 운영(HW/SW/NW) 등의 개발역량이 필요하며, 항상 학습하고 나누는 엔지니어 마인드를 가져야 한다. 또한 업종 관련 도메인 지식 확보에도 게을러서는 안 된다. 이 책은 스마트팩토리를 구현하는 IT 전문가나 프로그래머에게 기본적인 배경지식을 전달하고자 기술되었으나, 제조업에 종사하는 실무자, 현장관리자, 그리고 경영자에게도 권하고 싶다. 스마트공장으로 변모하기 위해 글로벌 기업들은 어떤 생각을 하고, 무엇을 준비하고 있으며, 어떻게 하고 있는지를 제시하기 때문이다. 또한 생산관리, 품질관리, 설비관리, 물류관리 등을 공부하고 있는 학생들과 예비 직장인들에게도 일독을 권한다. 이 책을 통해 실제 기업에서 무엇을 어떻게 수행하고 있는지를 간접 체험할 수 있으리라 기대한다. 스마트팩토리로 진화하기 위해서는 리얼팩토리에 대한 기초 지식이 필수이다. 더 깊고 전문적인 내용은 독자 스스로의 몫으로 남겨두고자 한다.

이 책에는 필자뿐 아니라 많은 연구자들과 한울엠플러스(주) 편집진의 고민과 노고가 담겨 있다. 이 자리를 빌려 감사의 인사를 전한다.

2017년 7월 정동곤

차 례

/

2부 스마트팩토리, CMMS / EAM에 말을 걸다

3부 스마트팩토리, 제조 IT 솔루션에 길을 묻다

4부 스마트팩토리, 미래 제조업 청사진

스마트팩토리를 위한 업종 지식

1부 스마트팩토리를 위한 업종 지식

Chap 01 제조란 무엇인가?
Chap 02 기업의 자원계획모델
Chap 03 자재수급과 재고관리
Chap 04 제조실행 및 통제

2부 스마트팩토리, CMMS / EAM에 말을 걸다

Chap 05 제조의 기본, TPM과 3정5S
Chap 06 설비자산 운용 최적화를 위한 CMMS / EAM

3부 스마트팩토리, 제조 IT 솔루션에 길을 묻다

Chap 07 스마트매뉴팩처링의 핵심, MES
Chap 08 PLM이 이끄는 스마트매뉴팩처링
Chap 09 핵심 경영 인프라이며 혁신의 도구, ERP
Chap 10 물류를 관리하는 핵심 프로세스, SCM

4부 스마트팩토리, 미래 제조업 청사진

Chap 11 제조업 르네상스
Chap 12 스마트팩토리 핵심 인프라
Chap 13 스마트팩토리 표준화 동향

Chap 01 제조란 무엇인가?

1 생산시스템 개요

1.1 생산시스템의 개념 및 목표

제조활동의 1차적인 목표는 원자재에 아이디어를 결합해 완제품과 서비스로 이윤을 창출하는 데 있다. 최종 목적은 고객에게 가치를 제공하는 것이며 가치는 목적에 맞는 상품일 때만 의미가 있다. 그러기 위해 제품 및 고객을 정의하고 제품과 프로세스를 설계하며, 자재 흐름을 관리하고 고객 서비스 및 지원 활동을 수행한다.

기업을 구성하는 기본요소에는 사업구조, 프로세스, 사람이 있다. 사업구조는 어떤 종류의 제품이나 서비스를 만드는지와 관계된다. 프로세스에는 개발관리, 공급관리, 고객관리, 경영관리가 있고 공급업체Supplier와 고객

그림 1-1 기업의 구성요소

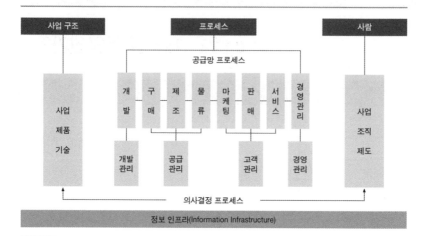

자료: 주호재(2014).

Customer을 연결하는 사슬구조를 관리한다. 사람은 조직 구성이나 인사 제도 등을 포함한다. 생산시스템은 좁은 의미로 제조에 국한되지만 넓은 의미로는 개발·구매·제조·물류 업무를 포함한다.

생산시스템이 추구해야 할 네 가지 전통적인 목표로 품질, 원가, 납기, 유연성을 들 수 있다. 품질은 조직의 이미지와 신뢰도에 큰 영향을 미치므로 항상 적합하게 유지되어야 하며, 최종적으로는 고객 만족도에 따라 평가받는다. 원가는 제조단가를 낮춰서 제품 및 서비스를 경제적인 가격으로 공급하는 것을 말한다. 납기는 고객이 원하는 제품과 서비스를 빨리, 또는 정해진 날짜에 정확히 공급하는 능력을 가리킨다. 유연성은 외부의 수요나 제품의 설계변경에 빠르고 쉽게 대응하는 능력이다. 다품종 소량생산에 쉽게 대응할 수 있는 체계일 경우 유연성이 높다고 할 수 있다.

1.2 생산시스템의 유형

생산시스템은 유형에 따라 다양하게 분류될 수 있다. 생산하는 제품의 종류, 크기, 수량에 맞는 수많은 형태의 시스템이 존재하며, 형태별로 관리방법 또한 다르기 때문이다. 고객이 만족할 만한 제품을 공급하기 위해서는 어떤 형태가 가장 적절한지를 판단할 수 있어야 한다. 생산시스템 형태에 영향을 미치는 요인에는 고객의 수요 형태, 다양성과 생산량, 설비배치, 작업의 연속성, 작업형태 등이 있다(〈표 1-1〉).

생산전략Planning Strategy, Manufacturing Environment을 결정하기 위한 고려사항에는 리드타임(고객인도시간), 고객주문사항, 제품의 다양성과 생산량, 제품 라이프사이클 등이 있다. 또한 제품의 규격을 고객이 정하는지, 기업이 정하는지에 따라 ETOEngineer to Order, MTOMake to Order, ATOAssemble to Order, MTSMake to Stock로 분류할 수 있다.

기업 입장에서는 제품을 만드는 총생산 소요시간과 제품오더를 받아서 고객에게 전달하는 고객인도시간을 가능한 한 최소화하기 위해 ETO, MTO, ATO, MTS 전략 중 하나를 선택하게 된다. 이는 고객이 제품을 주문하고 나서 얼마나 오랫동안 기다려줄 수 있는지와 같은 문제이다. ETO(주문설계)는 첨단제품이거나 범용성이 없는 특수한 제품 제작에 해당하며 고객이 제품의 기획 단계부터 참여하는 형태로, 제품의 설계에서 생산완료까지 제작에 필요한 모든 시간을 기다려준다. 설계 후 자재를 구매해 생산하는데, 이때 프로젝트 일정·원가 관리, 제품 시험, 고객 납기일 준수를 비롯해 기술자원, 설계자, 생산설비, 프로젝트 관리의 가시성이 중요시된다.

MTO(주문생산)는 고객주문을 받은 후 완제품을 만들어 고객에게 납품하는 방식이다. 이를 적용하는 기업은 생산일정, 주문 우선순위, 자재 및 생산

표 1-1 생산시스템의 유형

기준	유형
수요 형태	ETO, MTO, ATO, MTS
다양성과 생산량	소품종 대량생산, 중품종 중량생산, 다품종 소량생산
설비배치	Process Layout, Cell Layout, Product Layout
작업의 연속성	단속생산, 반복생산, 연속생산
작업형태	프로젝트생산, 흐름생산, 개별생산

능력 가용성, 자원제약, 유연한 운영, 변동 소요기간Variable Lead Time 에 초점을 맞춘다. 작업량은 주어진 기간에 받은 주문량에 의존하며, 높은 수준의 고객 서비스를 달성하기 위해 주문잔고와 소요기간관리가 필요하다. ATO(조립생산)는 맞춤 가구, 자동차, 햄버거 가게 등 표준 부품과 반제품을 보유하고 있다가 고객주문에 따라 다양한 최종제품을 조립하게 된다. 일반적으로 반제품은 최종 조립주문을 위해 생산되며 조립·포장·완료 작업은 특정 고객의 요구에 따라 구성된다. 가능한 최단 소요기간 내에 완제품을 생산하고, 다양한 형태의 고객화된 제품을 제공할 수 있는 유연한 작업환경을 갖는 것이 중요하다. 이를 위해 계획 BOMPlanning BOM 을 사용하며 모듈화를 필요로 한다.

MTS(재고생산)는 이미 만들어져 있는 완제품을 출하하는 방식이다. 기업은 재고회전율, 재고비용, 저장, 재고유통, 과잉재고 및 불용재고, 저장수명에 중점을 둔다. 과잉재고 없이 높은 수준의 고객 서비스를 달성하기 위해서는 미래 판매 예상치가 정확해야 하고 소요량에 대한 수요예측이 일정 부분 가능해야 하며, 배달 시간이 짧고 디자인과 가격에 경쟁력이 있어야 한다.

생산방식Manufacturing Process 은 제품의 다양성과 생산량을 기준으로 연속생산, 단속생산Batch / Job Shop / Cell, 반복생산, 프로젝트생산으로 나뉘며, 배치 형태에 따라 공정별 배치Process Layout, 셀 배치Cell Layout, 제품별 배치Product Layout로

표 1-2 생산방식별 업의 특성

생산방식	업의 특성	배치 형태	
연속생산 (Continuous Production)	· 화학, 제분, 제당, 제지, 철강, 석유정제, 전력 및 전화 사업 · 상당한 기간에 걸쳐 생산되는 연속제품에 적용. 매우 높은 수준의 투자가 요구됨. · 매우 높은 자동화(공정 산업, 장치 산업으로 분류)	Process Layout	

단속생산
(Intermittent
Production)
	· 정비공장, 기계설비, 맞춤복, 유리, 구두, 병원(Job Shop),
	  다양한 식단의 식당, 출판사, 제과점(Batch Shop)
	· 상당한 유연성 요구, 프로젝트 공정에 비해 생산량이 다소
	  높음
	· 다소 높은 단위당 원가, 낮은 준비 비용
		Batch	

		Job Shop	
		Cell	Cell Layout
반복생산 (Repetitive Production)	· 자동차, 가전제품, 기성복, 장난감 · 사람과 기계가 고도로 전문화되어 높은 산출률과 낮은 단위 당 원가를 유지 · 일관된 품질수준, 제한된 유연성 · 조립 라인 형태, 로트(Lot) 생산, 대량생산	Product Layout	

프로젝트생산
(Project
Production)
	· 건설, 플랜트 산업, 대형제품 제작(선박, 항공기), 예술품 제
	  작, 연구·개발 과제
	· 고도의 유연성 요구
	· 매우 높은 단위당 비용, 개별적인 고객 요구사항에 의한 품
	  질이 결정됨		

자료: 정동곤(2013).

구분된다.

제품을 제조하기 위한 방법(시스템)은 여러 가지가 있을 수 있기 때문에 어떤 생산방식Manufacturing Process을 선택할지는 제품을 구매하는 소비자와 제품을 제조하는 작업자를 모두 고려해 결정해야 한다. 외부 소비자는 전 세계에 걸쳐 있을 수 있으며, 그들은 좀 더 높은 성능과 신뢰도를 가진 다양한 제품을 요구한다. 내부 작업자는 종종 제품을 어떻게 만들 것인지를 결정하는 중요한 권한을 가진다. 하지만 제조업자는 시장의 크기와 다양성을 정확히 예측할 수 없다. 만일 다양한 종류의 전문 제품이 시장에서 많이 팔린다면, 한 제품을 집중 생산하는 반복생산Repetitive Production은 유연성이 부족해 변화하는 요구를 만족시키기 어렵다. 만일 한 가지 제품이 시장에서 대량으로 팔린다면 유연생산시스템을 갖춘 제조업자는 너무 높은 생산단가 때문에 자사의 유연성을 유용하게 활용하지 못할 수 있다.

2 생산시스템의 프레임

제조기업이 해야 할 가장 중요한 일 중 하나는 수요와 공급의 균형을 유지하는 것이다. 수요와 공급이 전체 물량(볼륨)과 각 구성(믹스) 레벨에서 균형을 잃으면 고객 불만족, 과잉재고, 불필요한 잔업 등의 문제가 발생한다.

볼륨은 큰 그림으로 '얼마나 많이'에 집중하고, 믹스는 세부 내역으로 '어떤 것'에 초점을 맞춘다. 볼륨은 제품군, 생산자원 등과 같은 그룹과 판매, 생산 등의 총체적 비율을 다루며, 믹스는 특정 제품이나 품목, 고객주문 등의 순서와 타이밍에 관해 다룬다. 〈그림 1-2〉는 기업의 자원계획모델을 보여주는 것으로, 볼륨 레벨에서 수요와 공급의 균형을 이루게 하는 도구가 판매운영계획S&OP 이고 믹스 레벨에서 수요와 공급의 균형을 이루기 위해 사용하는 프로세스가 대일정계획Master Scheduling 이다.

기업의 가장 중요한 목표는 고객 만족이다. 소비자들은 일반적으로 빠른 시간 내에 제품이나 서비스를 공급받고자 하기 때문에 기업 입장에서는 실제 주문이 접수될 때까지 기다릴 여유가 없다. 기업은 제품이나 서비스에 대한 미래수요를 예측해야만 하고 그 수요를 충족시키기 위해 생산능력과 자원에 대한 조달계획을 수립해야 한다. 수요예측과 수요관리는 기업의 수요와 공급에 관한 그 시작점이라고 할 수 있다. 판매운영계획S&OP은 사업목표를 제품군 수준에서 수립하는 것으로 영업, 개발, 생산, 그리고 조달 및 재

그림 1-2 기업의 자원계획모델

자료: 월리스 외(2005)를 참고해 재작성.

무 계획 등 모든 계획을 통합된 하나의 관점에서 바라본다. 대일정계획은 주 일정계획으로 제품군 수준에서 승인된 계획을 특정 제품 및 서비스 수준으로 한 단계 세분화한다. 능력계획RP, RCCP, CRP에서는 생산설비의 작업능력과 여러 가지 제약조건, 공정별 리드타임 등을 점검하며 이를 고려해 생산량과 작업순서를 결정한다.

• 전략경영계획(Strategic Business Planning)

최적의 자원분배를 통해 회사의 전략목표를 달성하고, 재무정보를 모니터링해 미래 시장대응력을 갖추고자 하는 시나리오 기반의 경영활동이다. 향후 1~3년 사이에 기업에서 달성해야 할 주요 목표를 기술하며 기업이 나아갈 큰 방향을 제시한다. 보통 3년 단위의 중기 사업전략을 수립하고 매년 하반기에 차년도 경영계획을 세운다. 장기적인 예측에 기반을 두며 마케팅, 재무, 생산, 기술에 대한 내용을 포함한다. 따라서 전략경영계획은 마케팅, 재무, 생산, 기술계획 사이의 방향과 위치를 제공하게 된다.

마케팅은 시장을 분석하고 기업의 대응방안을 다루며, 일반적으로 공략해야 할 시장, 공급할 제품, 고객 서비스 수준, 가격, 광고전략 등을 포함한다. 재무는 기업에 필요한 자금의 공급과 사용 및 현금흐름, 이익, 투자회수율, 예산 등을 포함한다. 생산은 시장의 요구를 만족시키기 위해 공장, 설비, 장치, 작업자, 자재 등을 효율적으로 다루는 것을 포함한다. 기술은 연구, 개발, 신제품기획, 제품변경을 다루는데 시장에서 팔릴 만한 물건을 경제적으로 생산하려면 마케팅 및 생산과 작업을 공유해야 한다.

전략경영계획의 수립은 경영진에 의해 이루어지며 마케팅, 재무, 생산으로부터 나온 정보를 이용해 각 부서가 계획한 목표와 목적을 수립할 수 있도록 프레임워크를 제공한다. 조직 내 모든 부서의 계획을 통합하며 이는 일반적으로 매년 갱신된다. 최근 시장 및 경제상황을 고려하기 위해서는 각 부서별 계획도 지속적으로 갱신되어야 한다.

• 판매운영계획(Sales and Operations Planning)

볼륨 레벨에서 수요와 공급의 균형을 이루게 하는 것은 판매운영계획S&OP이다. 판매운영계획은 전략경영계획을 지속적으로 실현하며 다른 부서의 계획과 연계하는 과정이다. 이는 매달 정기적으로 갱신되는 동적인 과정으로 기업의 목표를 달성할 수 있도록 현실적인 계획을 제공한다. 전략경영계획에 의해 수립된 목표가 주어지면 생산계획은 다음과 같은 사항을 고려한다.

- 일정 기간 동안에 생산해야 할 제품군의 수량
- 요구되는 재고수준
- 설비, 작업자, 자재 등 특정 기간 동안 필요로 하는 자원
- 필요로 하는 자원의 가용성

계획 담당자는 회사 내 유한한 자원을 효과적으로 사용해 시장수요를 만족시킬 수 있는 계획을 수립해야 한다. 각 계획 레벨에서는 필요한 자원을 결정하고 자원의 가용성을 검토하게 되는데 반드시 우선순위Priority 와 생산능력Capacity 이 균형을 이루어야 한다. 계획기간은 일반적으로 주 단위 14주 정도이며 매주 갱신된다.

- 대일정계획(Master Scheduling)

대일정계획은 상세한 믹스 레벨에서 수요와 공급이 균형을 이룰 수 있도록 설계된 비즈니스 프로세스이다. 이 단계에서는 생산계획Production Plan 에서 제품군별로 만들어진 계획을 최종제품End Item 수준으로 세분화한다. 주생산계획MPS 은 이 절차의 최종 결과물이다. 대일정계획은 주생산계획, 기준생산일정이라고도 불리며 일반적으로 단기(1~3주)는 확정 PO이고, 미래구간(4~14주)은 Capa나 자재의 사전조정 및 대응이 가능하다. 이는 주로 구매 및 제조 리드타임에 따라 결정된다.

- 자재소요계획(Material Requirements Planning)

MPS에서 결정된 최종제품을 생산하는 데 소요되는 컴포넌트의 구매 혹은 생산을 위한 계획이다. MRP에서는 컴포넌트의 필요수량 및 투입시점을 다루며 구매와 제조현장관리는 특정 부품의 구매와 생산을 위해 MRP 결과를 이용하게 된다. 계획기간은 구매와 제조 리드타임의 합계보다 커야 하는데 MPS와 마찬가지로 1~14주까지이다.

- 제조실행시스템

작업지시는 작업오더의 생성을, 구매계획은 원자재를 공장에 입고시키는 역할을 한다. MPS와 MRP 결과를 실행하고 자원 이용을 최적화하며 고객 서비스를 유지하면서 재공품을 최소화한다. 생산계획 및 통제시스템에 대한 계획, 실행, 통제가 이루어지는 단계로 제조실행시스템MES 은 공장 내에서의 작업흐름을 계획하고 통제하는 역할을 담당한다.

통제를 위해서는 다음과 같은 사항을 고려해야 한다.

· 무엇을 얼마나 생산할 것인가?(작업오더)
· 부품이 언제 필요한가?(MRP)
· 어떤 작업 공정이 필요한가?(라우팅)
· 공정을 수행하기 위해 얼마나 많은 시간이 필요한가?(라우팅)
· 각 작업장은 얼마만큼의 능력을 보유하고 있는가?(Work Center)

작업장에서의 시작일과 종료일을 계획하고 작업의 우선순위를 수립·유지하며 실행성과를 추적 및 보고해야 한다. 구매활동은 공장으로 입고되는 원자재의 흐름을 수립하고 통제한다. 계획기간은 일 단위 1~3주로 매우 짧고, 원부자재, 작업장, 오더 등을 다루게 되므로 계획과 실행의 관리 대상이 매우 상세한 편이다.

- 수요 예측·관리

수요예측, 주문관리, 고객관계관리CRM 활동으로 구성된다. 수요예측은 수요분석을 바탕으로 시장조사 등 각종 예측조사 결과를 종합해 장래의 수요를 예측하는 일이다.

주문관리는 고객의 주문을 접수해 고객의 요구사항을 제조나 유통 용어로 변환하는 절차이다. MTS(재고생산)는 표준화된 상품에 대해 주문을 받는 것이므로 단순히 선적 서류를 작성하면 되지만, MTO(주문생산)의 경우에는 설계 혹은 조립을 포함한 일련의 복잡한 행위를 지원한다. 고객관계관리CRM 는 영업시스템으로부터 주문 내역을 추적해 고객 데이터를 분석한다. 단기적으로 고객이 필요로 하는 제품조합을 분석하며 장기적으로는 고객의 구매성향을 분석하고 고객과 접촉을 진행한다.

- 자원계획(RP: Resource Planning)

생산계획의 실행 가능성을 평가하며 장납기 자원의 정확성을 보여준다. 장기생산능력의 정도와 한계 수립을 측정하며 생산계획을 근거로 수행한다. 획득에 장시간이 소요되는 자원(기계설비 및 장비, 공장 및 시설, 원자재 및 부품, 노동력, 인력)을 대상으로 수립한다.

- 개략능력계획(RCCP: Rough-Cut Capacity Planning)

주생산계획MPS의 수행에 필요한 작업인원, 병목 장비, 창고 용량, 원자재 공급선의 능력, 장기 리드타임이 필요한 자재, 경우에 따라서는 자금 등 주요 자원Key Resource에 대한 능력을 점검하는 계획이다. 점검해야 할 자원은 자원목록표Bills of Resource에서 관리되는데, 주 경로Critical Path나 병목Bottleneck 공정이 주 대상이 된다.

RCCP가 쉽게 고쳐지지 않을 때는 다음과 같은 해결책을 마련할 수 있다.

- · MPS상의 날짜 및 수량 변경
- · 납기 조정에 대해 고객과 협의
- · 생산계획 개정 고려
- · 판촉 활동을 통한 판매 증가
- · S&OP 사전 미팅 팀과 재조정

• 능력소요계획(CRP: Capacity Requirements Planning)

모든 작업장을 조사해 각 워크센터Work Center별 부하를 조정한 후 MRP로 피드백한다. MRP의 계획 오더와 확정 오더로 과부족을 계산하게 된다.

3 생산운영관리의 발전 과정

초기에는 '생산관리' 용어가 대부분 제조업의 생산활동만을 의미했으나 최근 서비스 산업을 비롯해 비제조기업이 등장하면서 '생산운영관리', '생산경영', '오퍼레이션스 경영' 등으로 불리고 있다. 모든 시스템은 투입, 변환, 그리고 산출의 세 가지 과정을 거치는데, 생산운영시스템 역시 노동, 자본, 토지, 정보, 지식을 투입해 제품이나 서비스를 만들어낸다. 이러한 과정에서 이익을 최대화하고 비용을 최소화하는 효율적인 생산방식이 생산운영시스

그림 1-3 경영학의 발전 과정

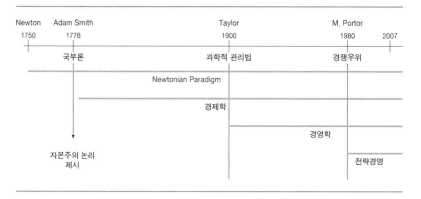

템의 목표인 것이다. 생산방식에 대한 쉬운 이해를 위해서는 경영이 어떻게 발전되어 왔는지를 살펴보면 된다. 중세의 중상주의로부터 시작된 경제 개념은 18세기 애덤 스미스Adam Smith가 등장하면서 경제학으로 발전했으며, 1900년대 프레더릭 W. 테일러Frederick W. Taylor의 출현으로 경영학이라는 학문이 대두되었다.

스미스는 당시 한 지붕 밑에서 수공업 수준으로 핀을 만들던 작업을 나누어 했을 때의 생산량을 측정함으로써 분업의 효율성을 설파했다. 분업을 하면 한 작업에 집중해 숙련도가 향상되고, 이동시간이 단축되며 작업이 단순해져 기계를 바꿀 생각도 하게 되는 것이다. 이렇듯 생산방식은 갑자기 한 시대에 등장한 개념이 아니라 과거에서부터 개발된 기법이나 철학이 누적된 것으로 볼 수 있다.

3.1 린(Lean)과 도요타 생산방식

린의 개념은 1996년 제임스 P. 워맥James P. Womack과 대니얼 T. 존스Daniel T.

표 1-3 생산운영관리의 역사

연대	공헌한 사람 및 기관	생산관리 발전에 공헌한 내용
1770년대	J. Watt J. Hargreaves Adam Smith Eli Whitney	증기기관의 발명 방적기관의 발명 국부론(분업에 의한 생산성 향상) 호환성 부품
1830년대	C. Babbage	시간연구에 의한 임금 차별화 개념
1910년대	F. W. Taylor Frank and Lillian Gilbreth Henry Ford Henry L. Gantt A. K. Erlang	차별적 성과급에 의한 과업관리(과학적 관리법) 산업심리학과 동작 연구(경제적인 작업방법) 이동조립법에 의한 대량생산방식 확립(표준화, 전문화, 단순화) 간트 차트 창안(도해적 생산경영) 대기행렬이론
1920년대	E. W. Harris E. Mayo Shewhart and Feigenbaum H. B. Maynard McGreger L. H. C Tippet Mirofanov University of Pennsylvania G. B. Danzig UNIVAC NASA Dickey	EQQ 모델 제시(계량적 생산경영) 호손 실험에 의한 인간관계론 SQC, TQC 동작 및 시간연구를 방법공학으로 통합 X 이론, Y 이론 작업측정에 있어서 워크샘플링 도입 GT 도입 최초의 컴퓨터 ENIAC 개발 심플렉스 해법에 의한 선형(LP)모델 개발 최초의 상업용 컴퓨터 UNIVAC 개발 PERT 개발 ABC 분석
1965년	E. S. Buffa Qrlicky	시스템적 생산경영 MRP
1960년대	학계, 기업, 연구 기관 등	시뮬레이션, 의사결정 이론, 동적 계획법 등 경영과학의 개발, PERT/CPM, 인간공학의 등장, VE
1970년대	학계, 기업, 연구 기관 등	수요예측, 입지, 시설배치, 일정관리, 재고관리, FMS, TPM, QM
1980년대	마이클 포터, 스키너, 윌리엄 오 우치, 이면우 등	전반적인 전략과 정책에 따른 생산활동 종합적인 접근 방식, 제품개발, QFD 종합적인 생산관리로 접근, Z 이론, W 이론
1990년대	로렌스, 로시, 마이클 헤리 등	상황이론, ERP, 6σ, CIM, SCM, CRM
2000년대	피터 드러커, 피터 셍게, 밀러	디지털 생산경영 시대, 지식 근로자의 출현, 지식경영, 학습경영, 감성경영, Fusion 경영, 기술경영
2010년	스티브 잡스, 롤프 얀센, 게리 허멀, 리처드 브랜슨 등	융복합 시대, 스토리텔링 경영, 핵심역량, 스마트폰, 유비쿼터스, RFID, 감성경영

자료: 유지철(2013).

Jones가 쓴 저서 『린 싱킹Lean Thinking』에서 정립되었다. 여기서 린 생산은 도요타의 생산방식을 의미한다고 볼 수 있다. 린의 핵심은 낭비요소의 제거인데 워맥과 존스(James and Daniel, 2003)는 린 개념을 다음의 다섯 가지 원칙으로 제시하고 있다.

원칙 1. 특정 제품이나 서비스가 제공하는 가치에 대한 명확한 정의(Value): 고객이 진정 원하는 것은 무엇인가?

원칙 2. 제품이나 서비스에 대한 가치 흐름의 확인(Value Stream): 낭비요소 도출

원칙 3. 흐름(Flow): 가치 창출 활동의 연속성

원칙 4. 풀(Pull): 오직 고객의 요청에 의해서만 상위 단계로 주문이 이동

원칙 5. 완벽성(Perfection): 지속적인 개선

생산 분야에서 큰 업적을 남긴 도요타 생산방식은 경제학 분야의 노벨상에 견줄 만한 수준이다. 역사적으로 본다면 '산업혁명 → 포드 생산방식 → 도요타 생산방식'으로 발전해왔다. GE사의 회장 잭 웰치Jack Welch도 자서전 『잭 웰치·끝없는 도전과 용기Jack: Straight from the Gut』에서 21세기의 혁신과 성장을 이끈 두 개의 축으로 GE의 6시그마와 도요타의 TPS를 꼽았다. '도요타 생산방식'에는 특정 회사의 이름이 들어가 있어서 더 범용적이고 쉽게 받아들이게 하기 위해 'JITJust in Time 생산방식'으로 많이 불리고 있다.

JIT는 도요타 자동차의 창업자 도요타 기이치로丰田喜一郎가 1938년 어느 잡지사와 인터뷰를 하면서 처음으로 쓴 용어라고 한다. 각 공정이 필요한 것을 필요한 때에 필요한 만큼만 공급받는다는 논리이다. 낭비요소를 제대로 파악하는 것이 목적이며, 가치를 창출하지 않으면서 자원을 이용하는 인간

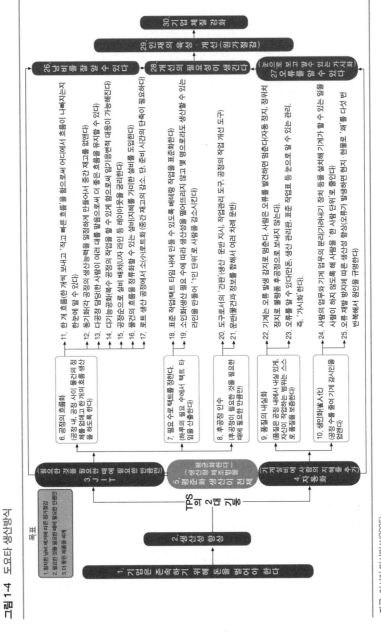

그림 1-4 도요타 생산방식

자료: 이시이 마사미쓰(2005).

의 모든 활동은 낭비에 해당된다. 예를 들어, 과잉생산, 기다림, 불필요한 수송, 과잉공정, 과잉재고, 불필요한 이동, 불량품 등이 낭비요소에 포함된다.

도요타 생산방식에서 많은 아이디어가 고안되고 적용된 JIT, 사람인변 자동화自動化, Jidoka, 당기기 방식, 눈으로 보는 관리 방식, 안돈, 카이젠Kaizen(개선), 간반Kanban, 헤이준카Heijunka(평준화 생산), 포카요케Poka-Yoke(Fool Proof), 5S 등은 이제 생산방식의 원리이자 표준이 되었다. TPS의 두 기둥은 JIT와 자동화이지만 진정한 목표는 '철저한 낭비 배제를 통한 원가절감'으로 정의할 수 있다. 누구나 다 아는 평범한 방법인 TPS 방식은 '당연한 것을 끈기 있게 지속하는 힘'의 유무에 그 성패가 달려 있다고 볼 수 있다.

JIT의 세 가지 원칙은 공정 흐름화, 필요한 수량으로 택트타임Takt(Tact) Time 설정, 후공정 인수이다. 공정 흐름화란 한 개 또는 한 대씩 가공하거나 조립해 어디에서 작업이 정체되고, 재고가 생기는지 알 수 있도록 공정 구조를 만들고, 낭비가 발견되는 즉시 개선하는 것이다. '안돈'은 오류 발생 현황을 전광 표시판으로 알려주는 도구인데 경보를 통해 라인스톱을 할 수 있게 한다. 필요한 수량으로 택트타임을 설정한다는 것은 숙련자 기준으로 택트타임, 작업순서, 표준 준비품을 작성해 낭비 없이 효율적으로 생산하기 위한 작업표준을 만든다는 의미이다. 택트Takt는 독일어로 리듬 혹은 박자를 의미한다. 예를 들어, 일일 수요가 100개이고 가용시간이 8시간이라면 택트타임은 0.08(8/100, 4.8분)시간이다. 물건이 4.8분마다 하나씩 생산되어야 한다는 것이다. 이를 초과하는 생산능력은 낭비로 간주되어 제거 대상이 된다. JIT 생산의 마지막 원칙은 후공정 인수이다. 〈그림 1-5〉의 MRP 방식에서는 고객의 예측수요를 기반으로 생산계획을 수립하고 전공정에서 후공정으로 물품을 흘려보낸다. 그러나 JIT 후공정 인수방식은 고객의 실수요에 기초해서 후공정이 전공정으로 필요한 것을 필요한 만큼 필요한 때에 가지러 간다.

그림 1-5 JIT와 MRP 비교

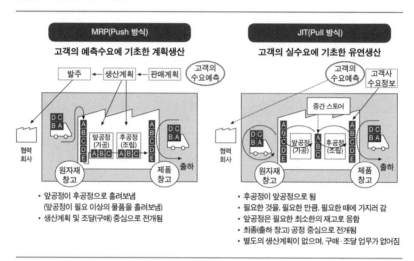

자료: 한국경영혁신연구회(2009).

이론적으로는 최소의 재고만을 가져갈 수 있다.

TPS에서 JIT와 함께 기둥을 이루는 것이 '사람인변 자동화'이다. 영어로 'Automation with a Human Touch'로 번역되는데 사람의 지혜를 입힌 자동화라는 개념이다. JIT가 원활한 흐름을 의미하는 반면, 자동화는 이와 반대로 오류가 발견되면 즉시 멈춘다는 사상이다. 불량품을 계속해서 만들지 않겠다는 의지의 표명이며 오류를 중점적으로 관리해 JIT를 더 효율적으로 보완하는 것이라고 할 수 있다.

자동화自動化, Jidoka는 품질의 내실화와 생인화省人化, Manpower Saving(성인화)가 핵심 개념인데 모두 눈으로 보이는 관리가 목적이다. 품질의 내실화는 기계뿐만 아니라 수작업 라인이더라도 기계 오류를 발견하면 '안돈'을 활용해 정보를 공유하고 오류를 알리는 것이다. 생인화는 설비개선이나 작업개선을 통해 남은 사람을 다른 곳에 활용하는 것을 말한다.

3.2 TOC 경영

TOCTheory of Constraints (제약조건이론)의 창시자는 이스라엘 물리학자 엘리야 후 골드랫Eliyahu M. Goldratt이다. 기업을 경영하는 친구를 위해 일정계획 수립 알고리즘을 개발했고, 이를 바탕으로 1980년 초에 OPTOptimized Production Technology라는 프로그램을 개발했다. 모든 프로세스에는 하나 이상의 병목이 있고, 전체 프로세스의 아웃풋은 이 병목에 의해 제약을 받는다는 원리에 기반을 둔다. TOC가 본격적으로 알려진 것은 1984년 제프 콕스Jeff Cox와 함께 『더 골The Goal』이라는 소설책을 출간하면서부터이다. 생산관리 분야에서 꾸준히 읽히는 이 책은 주인공이 어려움에 처한 공장을 OPT 프로그램의 원리를 적용해 회생시키는 내용을 담고 있다. TOC 경영에서는 '거절할 수 없는 제안URO: Un Refusable Offer'이라 불리는 '마피아 오퍼Mafia Offer' 개념을 제시한다. 기존 제품이나 서비스 방법을 약간 개선하는 '작은 변화'를 통해 복잡하게 얽혀 있는 핵심 문제를 해결한다. 현재 시중에 나와 있는 일부 정수기는 판매 대신 임대를 통해 수입을 올린다. 고객의 정수기 구입 및 유지·관리비 부담을 덜어주고 사용료만을 징수하는 것이다. 이렇게 제품 판매에서 서비스 판매로의 정책 전환도 마피아 오퍼의 한 가지 형태이다.

TOC 경영은 이러한 마피아 오퍼 개발의 기반을 구축하기 위해 DBR, CCPM, TA, TP의 네 가지 도구를 제공한다. 물류 개선을 위한 DBRDrum-Buffer-Rope은 납기문제와 재고문제를 동시에 해결하고, CCPMCritical Chain Project Management은 신제품 개발기간을 단축한다. TAThroughput Accounting (스루풋 회계)는 기존의 원가회계와 달리 합리적 성과측정과 의사결정을 지원하며, TPThinking Processes는 영업부서와 개발·생산 부서의 업무 조율을 위해 필요하다.

• 납기단축과 재고감축을 동시에 달성하는 DBR(Drum-Buffer-Rope)

DBR은 생산 스케줄링에 사용된다. 최소량의 법칙이라고도 하는 리비히 효과는 생물의 생장에 필요한 원소 중 어느 하나라도 부족하면 나머지가 아무리 충분해도 모자란 원소에 의해 생장이 영향을 받는 현상을 말한다. 마찬가지로 병목공정은 공장 전체 생산량을 결정하기 때문에 집중 개선 프로세스 5단계에 따라 병목을 잘 활용해 공장을 운영해야 한다.

단계 1은 먼저 작업량과 생산능력을 비교해 병목을 찾는 것이다. 병목을 찾기 힘들 경우 우선 병목CCR: Capacity-Constrained Resource(생산능력 제약자원)이 없다고 가정하고 버퍼관리와 같은 통제 메커니즘을 이용해 병목을 찾는다. 신속처리 요청이나 생산지연이 발생한 곳이 드러나기 때문이다.

단계 2는 병목의 생산량이 공장 전체의 생산량을 결정한다는 사실에 근거해 병목공정이 최대 생산능력을 발휘할 수 있도록 '드럼Drum'이라 불리는 생산 스케줄을 상세히 작성한다. 실현 가능한 스케줄이 되기 위해서는 납기, 가공시간, 교체시간, 자재조달 등을 반영해야 한다. 드럼은 린Lean에서 택트 타임Takt Time과 같이 프로세스의 박자를 결정하며 고객의 수요와 시스템의 제약자원을 일치시키는 주생산계획MPS: Master Production Schedule 이다.

단계 3은 병목공정의 스케줄에 맞춰 자재를 투입한다. 모든 비병목공정은 가공품을 병목공정의 스케줄보다 일찍 보내서 병목공정의 효율이 100%가 될 수 있도록 해야 한다. 이렇게 자재를 투입하는 것을 '로프Rope'로 연결한다고 하며, 이때 발생하는 여유시간을 '버퍼Buffer'라고 부른다. 〈그림 1-6〉에서 버퍼가 시간으로 표현되었는데, 여러 종류의 제품을 생산하는 경우 단위당 생산 소요시간이 다르면 버퍼를 하나로 통합하기 어려워 시간 버퍼를 이용하는 것이다. 예를 들어, 단위당 10분이 소요될 경우 6단위의 버퍼를 보유하면 1시간의 시간 버퍼를 보유하는 셈이다. 로프는 버퍼에 의해 영향을

그림 1-6 DBR 시스템

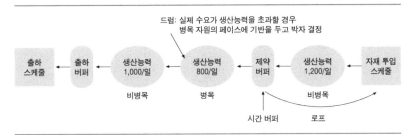

자료: 김남영(2015)에서 재인용.

받는 자재투입 스케줄로서 버퍼 관리자는 항상 버퍼의 상태를 관찰하고, 소진될 경우 경고하는 등 집중적인 통제를 해야 성공적인 DBR 생산계획이 만들어진다. 버퍼에는 다음 세 가지 유형이 있다.

· 출하 버퍼: 병목(CCR)에서 생산완료까지의 리드타임, 혹은 자재투입부터
  생산완료까지의 리드타임
· 병목 버퍼: 자재투입부터 병목(CCR)까지의 리드타임
· 조립 버퍼: 자재투입에서 조립까지의 리드타임

단계 4는 병목공정의 능력을 향상시켜 시장의 수요증가에 대응하는 것이다. 이렇게 하면 병목공정을 보호하기 위해 비병목공정의 능력을 같이 향상시킬 필요가 있게 된다. 비병목공정의 가동률은 병목공정의 스케줄에 따라 정해지는 것이기 때문에 인위적으로 가동률을 높일 필요 없이 일감이 없으면 작업을 하지 말아야 한다. 그리고 능력에 여유가 있는 만큼 교체시간이 발생하더라도 로트 크기를 가능한 축소해 재고를 줄이고 리드타임을 단축해야 한다.

단계 5는 제약이 해결되면 다시 단계 1로 돌아간다.

만약 기업 내부에 제약자원이 없을 경우 시장수요가 병목이 되고 〈그림 1-6〉의 출하 스케줄이 드럼이 되어 주문량을 맞추는 박자를 결정한다. 따라서 자재투입은 시장수요에 의해서만 결정되며 세 개의 버퍼 대신에 출하 버퍼 하나만을 유지하므로 리드타임 단축에 기여하게 된다.

• 신제품 개발능력을 강화하는 CCPM(Critical Chain Project Management)

전통적인 프로젝트 관리기법인 PERT/CPM에는 Critical Path가 등장한다. 복잡한 프로젝트를 효율적으로 계획 및 통제하기 위해 개발된 기법으로 프로젝트의 시작부터 끝까지의 경로 중에서 소요시간의 합이 가장 긴 경로를 찾아 중점적으로 관리하는 것이다. PERT와 CPM의 차이는 각 활동을 완료하는 데 걸리는 시간의 시각차에서 비롯된다. PERT Program Evaluation and Review Technique는 활동의 완료시간을 확률적으로 보고, CPM Critical Path Method은 확정적으로 보는 것이다. 그러나 접근 방법에는 큰 차이가 없기에 PERT/CPM으로 묶어서 쓴다. 애로사슬 Critical Chain 프로젝트 관리는 기존의 PERT/CPM 방법과 차이가 있다. Critical Path 중 하나인 'Critical Chain'은 골드랫이 1997년에 쓴 책의 제목이다. 소설 형식을 빌려 프로젝트 관리기법에 관해 쓴 것으로 TOC 이론을 프로젝트 관리에 적용한 것이며, 여기에 Critical Chain이 등장한다. DBR의 버퍼와 유사한 개념으로 Critical Chain을 중심으로 프로젝트를 관리하는 것이다.

대규모 건설공사, 신제품 개발, 시장 개척, 시스템 구축 등 대형 프로젝트는 주어진 예산과 정해진 기간 내에 계획된 범위의 내용을 완성하는데, 그 활동의 변동성과 종속성 때문에 관리가 쉽지 않다. 변동성이란 개별 활동을 완료하는 데 시간이 확정적이지 않다는 것을 의미한다. 예를 들어 학생들의

그림 1-7　Critical Path와 Critical Chain의 차이

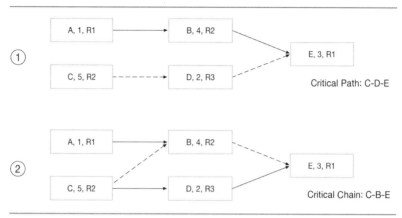

자료: 김남영(2015).

경우, 과제를 받으면 작업을 바로 시작하지 않는다. 그 대신 마감에 임박해서 부랴부랴 서두르는 '학생 증후군Student Syndrome'과 주어진 시간을 다 사용하려는 경향을 가진 '파킨슨 법칙Parkinson'으로 여유시간을 허비해버린다. 결국 인간의 본성과 프로젝트의 특성 때문에 작업소요시간에 포함된 여유시간에 문제가 발생한다.

　종속성은 활동 종속성과 자원 종속성으로 구분된다. 활동 종속성은 각 활동이 선후관계를 가지는 것이며, 자원 종속성은 활동이 동일한 자원을 공유하는 경우, 어느 활동의 자원 이용이 끝난 후에야 다른 활동이 그 자원을 사용할 수 있는 것이다.

　PERT/CPM의 Critical Path 기법은 그 유용성에도 불구하고 Critical Path를 찾을 때 자원 종속성을 고려하지 않는 단점이 있다. 〈그림 1-7〉에서 네모 안의 데이터는 순서대로 활동명, 소요시간, 이용자원을 나타낸다.

　①의 경우 경로 A-B-E 와 경로 C-D-E 소요시간의 합이 각각 8과 10인

데 이 경우 소요시간의 합이 가장 긴 C–D–E가 Critical Path가 된다.

그런데 자원제약을 사용할 경우 활동 B와 활동 C는 모두 자원 R2를 사용한다. 즉, C가 완료된 후에 B에 착수할 수 있으므로 ②에서와 같이 소요시간이 가장 긴 경로는 C–B–E가 된다. 이와 같이 자원제약을 고려한 Critical Path를 Critical Chain이라고 한다.

• 합리적 성과측정과 의사결정을 위한 스루풋 회계(Throughput Accounting)

경영의 언어인 회계의 역할은 수익창출을 위한 의사결정을 지원하고 창출된 수익을 공정하게 측정하는 것이다. 회계의 가장 기초가 되는 재무제표에는 재무상태표(대차대조표), 손익계산서, 현금흐름표 등이 있는데 자금조달은 재무상태표, 매출·비용·이익은 손익계산서, 투자환원 등은 현금흐름표에 담겨 있다.

이익률을 높이고 원가절감 및 효율성을 향상하기 위해서는 단순한 재무제표 외에 공헌이익, 표준원가, 활동기준원가 등 관리회계 세 가지 기준도 알아둬야 한다. 공헌이익은 매출액에서 변동비(직접재료비나 직접인건비)를 뺀 수치인데, 공헌이익이 제로(0)보다 크면 계속 판매해야 한다. 그 상태에서 판매를 멈추면 고정비 부담이 그대로 적자로 이어지기 때문이다. 기존 손익계산서만으로는 의사결정에 한계가 있어 고정비와 변동비를 구분해 공헌이익으로 관리할 필요가 있다. 표준원가는 정확한 평가, 구성원에게 보내는 올바른 사인sign, 동기부여 및 분발촉구를 통해 원가절감 및 효율성 향상을 꾀할 수 있으며, 마지막으로 활동기준원가는 간접비 주체의 활동을 실제로 분석한 원가계산법이다.

기업에서 채택하는 전통적인 원가계산 방법은 간접원가배분과 관련해 본질적인 문제를 안고 있다. 원가의 대부분이 변동비일 경우에는 간접비를 직접인건비 기준으로 배부해도 큰 문제가 없다. 하지만 요즘에는 높은 자동화율과 복잡한 생산시스템을 운영하는 많은 간접인원이 있다. 이 때문에 제조원가의 10% 미만인 직접인건비에 비례하여 간접비를 배부하면 경영의사결정 전반에 왜곡을 초래하게 된다. 또 다른 오류는 손익계산서를 작성할 때 발생하는 재고자산 평가의 왜곡 문제이다. 변동비와 고정비가 재공품 재고 WIP에 부과되었다가 제조를 마치면 제조원가로 대체되고 판매시점에 비용으로 처리된다. 재고가 여러 가지 비용을 발생시키고 경영의 부담으로 작용하지만 비용으로 처리되지 않아 손익계산서의 이익을 부풀리고 있는 것이다. 그 외에도 질적 효과의 비계량화, 비재무적인 성과측정의 어려움, 품질측정 및 보고상의 문제점(개별품질원가에 맞춰진 초점, 품질비용 정보의 한정성) 등이 있다.

이러한 문제점 때문에 1987년 하버드 대학의 로버트 캐플런Robert S. Kaplan 과 토머스 존슨Thomas H. Johnson은 배부 관행이 제조업 경영에 미치는 악영향을 비판하면서 그 대안으로 ABCActivity Based Cost(활동기준원가)를 제시했다. ABC는 원가대상Cost Object에 관해 선정된 원가동인Cost Driver을 기준으로 간접비를 배부한다. 캐플런 스스로도 ABC에 대해 모든 비용을 완벽히 배부할 수 있는 것은 아니라고 지적하지만 다음의 유용성은 가지고 있다.

· ABC의 유용성
  - 정확한 제품원가 산정 가능
  - 관리적 의사결정의 신뢰성 향상
  - 배치활동, 제품유지활동 등 비부가가치 활동을 감소시켜 획기적인 원가절
    감 가능
  - 중복된 업무도 특성에 따라 조직을 통합하거나 재조정할 수 있어 업무의

효율성 향상, 성과평가의 불만 감소

· ABC의 문제점

- 활동분석 등에 소요되는 원가 증가

- 간접부문의 원가 중 원가동인을 설명할 수 없는 활동에 대해서는 전통 시
  스템과 마찬가지로 인위적 배분(설비유지원가)

- 간접비 삭감을 위한 원가동인의 감소 자체가 목표가 되어 대량생산으로
  기울어질 수 있으므로 다양한 고객욕구에 대응하는 경영방침과 모순될 가
  능성 발생

전통적 원가계산방식과 ABC를 보완할 도구로 등장한 스루풋 회계는 기존의 개별원가계산에 큰 의미를 부여하지 않고 기업의 성과를 현금기준에 가깝게 측정한다. 미래에 창출될 현금흐름의 극대화를 위해 돈의 흐름을 스루풋(T), 재고·투자(I), 그리고 운영비용(OE)으로 구분해 파악한다. 스루풋은 매출에서 재료비를 제외한 금액으로, '판매'에 의해 새로 창출된 부가가치를 의미한다. 재료비만을 변동비로 하고 그 외 모든 비용을 운영비용Operating Expense으로 인정하는 방식이다. 재고·투자는 판매 목적의 구매품이나 설비에 투자한 자금이고, 운영비용은 재고를 스루풋으로 바꾸는 데 시스템이 지출한 모든 비용이다. 매출을 늘리거나 품질활동에 따라 재료비를 줄이면 T가 늘고, 설비투자를 신중하게 하면 I가 증가하지 않으며, 각종 인건비나 활동비를 절감하면 OE가 줄어든다. 순 이익은 T-OE이고, 투자수익율은 (T-OE)/I이다. 투자효과를 분석할 때도 비용 측면만이 아니고 수익 측면도 함께 봐야 한다.

전통적 원가계산에 따르면 제품 한 개당 마진(판매가-원가)에 판매량을 곱해 총이익을 계산하고 마진을 기준으로 판매전략을 세우지만 마진에 연연

표 1-4 스루풋 세계와 원가 세계

	스루풋 세계	전통적 원가 세계
순이익	= 부가가치−고정비 = (매출−변동비)−고정비	= 매출−매출원가 = 매출−(변동비+고정비)

하다 보면 전체 이익에서 손해를 보는 경우도 있다. 스루풋 세계에서는 시장수요가 부족할 때 T가 마이너스가 아니라면 품목에 따라서 재료비(변동비)만 회수할 수 있는 가격에라도 파는 것이 회사 전체적으로 이익이 되는 경우가 있다. 고정비(인건비를 포함한 운영비용)만큼 손해를 보더라도 적절한 시장분할에 의한 가격 차별화가 회사 전체 이익을 키울 수 있다.

　계산식은 같지만 스루풋 세계에서는 부가가치에 가장 높은 우선순위를 두고 적정투자, 재고감축, 고정비 절감의 순으로 고려한다. 원가 세계에서는 원가절감(비용절감)에 우선순위를 둔다. 원가절감이 의사결정을 하는 데 판단 기준으로서 중요한 위치를 차지할 경우 기업 전체의 수익성을 해치는 성과측정과 의사결정을 낳는다. 기업에서 관행적으로 사용하는 재고회전율 지표만 하더라도 영업부서는 매출을 올리기 위한 품절 방지가 우선이고, 재고관리부서는 재고수준을 낮추는 것이 목표이다. 이에 따라 재고자산회전율 목표를 달성했더라도 판매기회를 놓친 품목과 과잉재고 품목이 보고되지 않아 정작 회사의 이익은 충분히 내지 못하는 결과를 초래할 수 있다. 하지만 TOC 경영에서는 우선순위 목표가 명확하다. 재고는 매출지원에 활용되므로 무조건적인 감축 대상이 아니며 부가가치 증대를 위해 품절 방지를 최우선으로 하고, 여기에 맞춰 재고수준을 정하고 운영하는 보충제도Replenishment System를 활용한다(정남기, 2005).

• 영업부서와 개발·생산 부서의 업무 조율을 위한 TP(Thinking Processes)

자재가 제때 공급이 되지 않거나 품질에 문제가 있는 경우 고객을 잃을 수 있다. 또한 신제품을 개발하는 데 있어서 개발기간이 길어지고 예산을 초과한다거나 공급능력에 비해 수요가 부족해 시장점유율이 낮아지는 경우도 있다. 이러한 문제들은 현장 개선활동만으로는 한계가 있고 정책적 제약을 해소해야 풀리는 문제일 수도 있다. 예를 들어 시장수요가 부족할 경우 공격적 마케팅을 제한하는 어떤 정책적 오류가 있었을 수 있다. 대부분의 기업에서 이익실현을 방해하는 것은 물리적 제약보다 정책적 제약이 더 많다. 이런 정책적 문제를 해결하기 위해서는 TOC 사고 프로세스Thinking Process 라 불리는 논리적 사고방법이 필요하다. 생산현장의 문제를 TOC-DBR로 해결한다고 하더라도 조직이나 기타 여러 이유로 개선되지 못하는 경우가 있는데 이러한 핵심 문제를 찾아내어 현상 타개적인 해결방안을 모색하는 절차가 TP이다. 지속적인 개선과정을 위한 일련의 기법Tree 들로 구성되어 있으며, 조직의 성과를 제한하는 정책, 관행 등과 같은 무형적인 제약 요인과 이를 해결할 수 있는 방안을 찾아내 실행에 옮김으로써 조직의 성과를 개선한다. 또한 TP는 조직의 바람직하지 않은 결과를 해소해 변화를 추구하고 실행하기 위한 논리적이고 창조적인 사고 도구이기도 하다. TP의 도구로 다섯 가지 Logic Tree가 있다.

· 무엇을 바꿀 것인가?
  - 현상문제구조 Tree(CRT: Current Reality Tree)를 작성해 중핵문제를 추출한다. 중핵문제란 70% 이상의 영향력을 가진 것을 말한다.
· 무엇으로 바꿀 것인가?
  - 대립해소 Tree(EC: Evaporating Cloud)로써 중핵문제를 해결할 대안을

제출한다.

- 미래구조 Tree(FRT: Future Reality Tree)로 해결안의 효과를 검증한다. 새로운 문제 발생을 확인해 대책을 세운다.

· 어떻게 바꿀 것인가?

- 전제조건 Tree(PT: Prerequisite Tree)로 해결책을 실행할 때 발생할 수 있는 장애를 추출한다. 장애를 극복하는 형태의 중간목표를 설정한다.

- 이행 Tree(TT: Transition Tree)로 중간목표 달성을 위한 행동계획을 작성한다.

3.3 6시그마와 전통적 품질관리기법

6시그마의 등장 때문에 TQM이 진부한 과거 품질분석도구로 전락한 것은 아니다. TQM은 여전히 제품이나 서비스의 디자인, 생산 및 전달 시스템에서 기업의 모든 프로세스를 지속적으로 개선하는 철학 및 원칙이다.

1920년대에는 테일러의 과학적 관리가 포드의 자동차 공장과 같은 대규모 자동화 설비에 접목된 소위 '포드 시스템'이 태동했고, 호손 연구에서 작업자의 심리 혹은 참여가 생산성에 영향을 미친다는 것을 알게 되었다. 1930년대에는 월터 A. 슈하트Walter A. Shewhart의 통계적 분석 및 PDCA 사이클 기법이 개발되었고, 1950년대에는 W. 에드워즈 데밍W. Edwards Deming이 일본에서 통계적 분석 및 관리기법을 전수했다. 또한 조세프 M. 주란Joseph M. Juran이 품질관리를 강의했고, 필립 B. 크로스비Philip B. Crosby가 무결점주의를 장려한 시기이기도 하다. 1968년에는 일본이 전사적품질관리를 CWQCCompany-Wide Quality Control로 부르기 시작했으며 이시카와 가오루石川馨가 일본의 품질관리에 기여했다. 오늘날 TQM은 이러한 기법이나 철학들이 결합해 품질을

표 1-5 TQM과 6시그마의 비교

구분	TQM	6시그마
측정 지표	불량률	시그마
방침 결정	Bottom-up	Top-down
목표 설정	제조공정 만족	고객 만족
문제의식	현재화된 것	잠재적인 것까지 포함
개선 방법	경험+직무능력	경험+직무 능력+통계적 능력
적용 범위	제조공정 중심(결과 중시)	경영 전 부문(프로세스 중시)
개선 범위	Spec 이탈(품질개선)	Spec 내(산포 개선)
활동 기간	제약이 적음	한정적(보통 3~4개월 이내)
활동 단위	소집단(직장 내)	소집단(Cross function)
추진 담당	지원자 중심	전임제
교육 훈련	자발적	체계적(벨트제)
기본 기법	PDCA(Plan-Do-Check-Act)	DMAIC(Deline-Measure-Analyze-Improve-Control)
적용 도구	QC7 도구	QC7 도구+검증 도구

관리하는 시스템적 접근법에 대한 광범위한 철학으로 인식되고 있다.

ASQAmerican Society for Quality에서는 TQM의 특성을 여덟 가지로 제시하는데 고객 중심, 전사적 종업원 참여, 프로세스 중심, 통합적인 시스템, 전략적 접근법, 지속적인 개선, 사실에 근거한 의사결정(성과측정), 의사소통(리더십 포함)이 그것이다.

여기에도 데밍의 14가지 TQM 실천 요점, ISO 9000, Malcolm Baldrige 품질상 평가기준 등에 TQM을 구성하는 원칙과 프로세스가 반영되어 있다.

6시그마는 기업의 품질개선을 목적으로 만든 기업의 경영전략으로, 1987년 미국 모토로라의 마이클 J. 해리Mikel J. Harry에 의해 창안되었다. 6시그마가 전 세계적으로 확산된 것은 1995년 GE의 회장 잭 웰치가 6시그마를 도입하면서부터라고 할 수 있다. 과거의 품질경영 활동이 현장 분임조와 같은 생산

표 1-6 6시그마 DMAIC 단계별 주요내용

Phase	Step	주요 수행 활동
Define(정의)	프로젝트 선정	경영전략·목표를 통한 Drill Down 전개, 챔피언의 프로젝트 선정(승인)
	프로젝트 정의	추진 배경, 문제 및 목표 기술 프로젝트 범위, 팀 구성, 추진 일정 수립
	프로젝트 등록	프로젝트 계획서, 프로젝트 관리 시스템 등록
Measure(측정)	프로젝트 Y 선정	고객의 소리(VOC, VOB) 파악, 잠재 CTQ 도출 및 Y 선정
	Y의 현 수준과 목표 설정	Y의 현 수준 설정(시그마 수준 산출), Y의 목표 수준 설정(시그마 수준 산출)
	잠재인자 노출	Y에 영향을 주는 근본 원인 발굴
Analyze(분석)	데이터 수집	주요 인자와 Y에 대한 관련 데이터 수집
	데이터 분석	수집된 데이트 객관적 분석(통계 기법)
	Vital Few X 인자 도출	Y에 영향을 주는 핵심적인 인사 도출
Improve(개선)	개선 대안 도출	Vital Few X 인자에 대한 창의적 대안 도출
	최적안 선정	대안의 위험 분석을 통해 최적안 선정
	Pilot(성과 확인)	최적안의 현장 적용을 통한 성과 확인
Control(관리)	관리 계획 수립	성과 유지·관리를 위한 관리 방안 수립
	모니터링	Y에 대한 관리도 작성 및 이상 원인 발견 시 해결
	결과 공유	프로젝트 정리·등록 및 확산, 전파

주: CTQ는 Critical To Quality의 약어로 '고객의 요구사항을 만족시키기 위한 제품이나 서비스 또는 프로세스의 핵심 품질 특성'을 의미한다.

라인에서 시작했다면, 6시그마는 최고 경영자의 강력한 리더십 아래 추진되고 제품의 불량만을 대상으로 하지 않으며 기업의 제품이나 서비스가 만들어지는 모든 프로세스에 역점을 두고 있다.

통계학적으로 6시그마 수준에서 불량이 발생할 확률은 백만 기회당 3.4개의 불량 수를 의미한다. TQM, 린_{Lean} 등 다른 품질개선 기법들과 차이점은 통계에 기반을 두고 의사결정을 한다는 것이다. 해리는 6시그마의 세 가지 관

표 1-7 Lean, TOC, 6시그마의 비교

	Lean	TOC	6시그마
핵심 이론	낭비요소 제거	병목(제약)관리	변동성 감축
개선 방법	린의 원칙 1. 가치의 명확화 2. 가치 흐름의 확인 3. 연속적인 흐름 4. 풀 시스템 도입 5. 완벽성 추구	시스템 개선 5단계 1. 제약의 확인 2. 제약의 최대 활용 3. 모든 프로세스를 제약에 종속시킴 4. 제약의 향상 5. 단계 1로 돌아가기	DMAIC 1. Define 2. Measure 3. Analyze 4. Improve 5. Control
초점	낭비 제거	시스템 제약	문제점 개선
가정	· 낭비요소 제거로 성과 향상 · 작은 개선들의 합이 시스템 분석보다 우수 · 프로세스 상호작용은 가치 흐름의 개선을 통해 해결	· 속도와 스루풋이 성공 요소 · 프로세스의 상호 종속성 중요	· 데이터 분석의 중요성 · 변동성 감축으로 성과 개선
주효과	흐름 시간 감축	스루풋 최대화	균일한 프로세스 아웃풋
부효과	· 변동성 감소 · 재고 감소 · 품질개선	· 재고 감소 · 스루풋 회계 시스템 도입	· 품질개선 · 변동성 감소 · 재고 감소 · 고객 대응성 증대
비판	· 시스템 분석을 중시하지 않음	· 작업자의 인풋을 고려하지 않음	· 시스템 상호작용을 고려하지 않고 프로세스 개별적 개선

자료: 김남영(2015)에서 재인용.

점으로 통계적 척도Statistical Measure, 기업 전략Business Strategy, 경영 철학Management Philosophy을 들고 있다. 통계적 척도란 시그마라는 객관적인 통계수치로 업종, 프로세스가 다르더라도 서로의 품질수준을 상호 비교할 수 있고, 기업 전략 측면에서 보았을 때 6시그마 목표를 달성할 경우 품질, 비용, 시간 등 다양한 경쟁요소에서 경쟁우위 확보가 가능해 고객 만족 실현과 수익 증대를 도모할 수 있다. 또한 통계적 척도는 조직 구성원들의 일하는 자세나 사고방식을 바꾸는 경영 철학으로 설명한다.

6시그마는 품질문제의 해결을 위해 정의, 측정, 분석, 개선, 관리의 5단계

접근법을 이용한다. DMAIC의 Define은 문제를 정의하고 검토하는 단계이고, Measure 및 Control 단계는 SPC라고 할 수 있다. Analyze 단계는 통계적 분석, Improve 단계는 실험계획을 접목시킨 것이라고 할 수 있다. 다시 말하면 6시그마는 기존의 문제 해결 절차에 SPC, 통계적 분석 및 실험계획법을 얹어놓은 것이다.

　6시그마 프로젝트가 성공하기 위해서는 비용절감이나 고객 만족에 있어 잠재적인 혜택이 어느 정도인지 신중하게 선정한 후 앞에서 언급한 5단계 접근법을 통해 개선활동을 실행해야 한다. 사실상 6시그마는 DMAIC이라는 강력한 실행절차를 제시한다는 측면에서 PDCA의 TQM과 많이 다른 것처럼 보이지만 TQM도 여전히 유효하며 폭넓게 이용되고 있다.

Chap 02 기업의 자원계획모델

　제조는 제품 및 프로세스, 설비, 작업자, 자재 등의 다양성으로 매우 복잡한 활동이라고 할 수 있다. 경쟁력을 갖추기 위해서는 이 같은 기업의 자원들을 효과적으로 이용해 최고의 품질을 갖춘 좋은 제품을 적시에 경제적으로 생산해야 한다. 제조활동은 장기적·단기적으로 시장의 요구와 자원의 균형을 고려해 계획을 수립하는데 이는 결국 우선순위Priority와 생산능력Capacity에 달려 있다. 여기서 우선순위는 어떤 제품이 얼마나, 언제 필요한지를 의미한다. 시장의 요구에 의해 만들어지며 시장의 요구를 만족시킬 수 있도록 수립되어야 한다. 생산능력은 제품이나 서비스를 생산하는 데 필요한 제조능력을 의미하며 결국 설비, 작업자, 재정, 자재가용성 등 기업이 가지고 있는 자원에 따라 결정된다. 단기적으로 봤을 때 생산능력은 주어진 기간 내에 작업자와 설비가 수행할 수 있는 작업의 양이다.

　계획 및 통제 모델에서 각각의 레벨은 다음과 같은 세 가지 질문에 답할

그림 2-1 기업의 자원계획모델

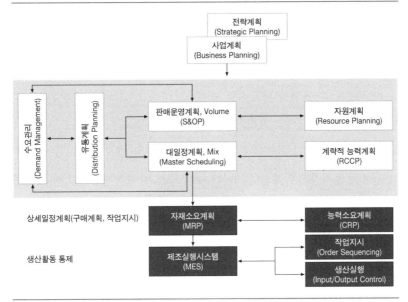

자료: APICS(2001)를 참고해 재작성.

수 있어야 한다.

· 우선순위는 어떻게 되는가?-무엇을, 언제, 얼마만큼 만들 것인가?

· 가용능력은 얼마나 되는가?-무슨 자원을 가지고 있는가?

· 우선순위와 생산능력 간의 차이를 어떻게 극복할 것인가?

〈그림 2-1〉처럼 각 레벨은 연속적인 기능들로 이루어져 있으며 모두 연결되어 있다. 폐회로 프로세스Closed-Loop로 양방향 의사소통을 하며 하위 레벨 및 실행 단계에서 나오는 피드백이 상위 레벨 계획으로 제공된다. 또한 시뮬레이션 도구로도 사용할 수 있어 'What if'와 같은 질문을 제기한 다음

수량이나 금액 등의 형태로 피드백을 받을 수 있다. 전략계획이나 사업계획은 자원계획의 요소는 아니지만 자원계획을 수행하는 주요 동인Drivers 역할을 한다. 때때로 S&OP를 통해 제공되는 미래 가시성에 의해 사업계획이 수정되는 경우도 있다.

〈그림 2-1〉은 기업의 계획 수립 구조를 보여주고 있는데 자재소요계획 레벨까지가 계획 레벨이고 계획의 결과는 필요한 제품의 구매 또는 작업지시가 될 것이다. 마지막 제조실행 단계는 수립된 계획이 생산현장 및 구매를 통해 실행에 옮겨지는 단계를 의미한다. 제조계획 및 통제시스템의 각 레벨에서 우선순위계획은 가용자원 및 생산능력과 비교되어야 한다. 우선순위 수행에 필요한 생산능력이 적절한 시점에 사용될 수 없다면 그 계획은 반드시 변경될 필요가 있다. 소요능력을 계산하고 가용능력을 비교하며 조정 작업을 수행하는 것은 제조계획 및 통제시스템의 모든 레벨에서 이루어져야 한다.

1 수요관리(Demand Management)

1.1 수요관리 개념

수요관리는 수요예측, 주문관리, CRM 등의 활동으로 구성된다. 수요예측은 고객의 수요를 예측하는 단계이다. 일반적으로 정량적Quantitative 기법과 정성적Qualitative 기법을 활용하며 각 계획 레벨에 따라 대상이 다르다.

· 판매운영계획: 제품군 레벨에서 전체적인 시장수요예측
· 대일정계획: 최종제품 기준 MPS 레벨에서 필요한 수요예측

· 유통계획: 제품군, 최종제품을 가준으로 재고관리 지역별 수요예측

완벽한 수요예측이란 없으며 개별 품목에 대한 수요예측보다 품목 집단에 대한 총괄 수요예측이 더 정확하다. 그리고 모든 예측은 과거의 경향이나 인과관계가 미래에도 지속될 것이라는 가정을 바탕으로 한다. 장기예측보다 중기예측이, 중기예측보다는 단기예측이 더 정확하다. 즉, 예측대상 기간이 길수록 예측의 정확도는 떨어진다고 볼 수 있다.

주문관리는 고객의 주문에 대한 효율적인 관리와 고객 만족, 영업의 생산성을 향상시키기 위한 기능을 지원한다. 주문처리기능, 오더 번호별 주문관리, 주문 진척 및 통제, 가격관리기능, 영업분석, 계약관리기능, 주문 사이클 관리, 납기관리, 판매 장려금, 텔레마케팅, 모바일 영업지원기능을 포함한다.

CRM은 고객에 대한 정확한 정보를 바탕으로 고객의 특성에 맞는 제품과 서비스를 제공한다. 고객과의 커뮤니케이션 강화 등을 통해 고객을 오래 유지하고, 결과적으로 기업의 수익성을 높이는 일련의 통합 마케팅 과정이다. 또한 고객과 관련된 기업의 내부 및 외부 자료를 분석·통합해 개별 고객의 특성에 기초한 마케팅 활동을 계획·지원·평가하는 고객 중심의 경영기법이기도 하다.

CRM을 구현하기 위해서는 세 가지 정보기술이 필요한데 그중 첫 번째가 고객 통합 데이터베이스의 구축이다. 기업이 보유하고 있는 고객과의 거래 데이터와 고객 서비스, 웹사이트, 콜센터, 캠페인 반응 등을 통해 생성된 고객반응 정보, 인구 통계학 데이터를 데이터 웨어하우스 관점에 기초해 통합해야 한다. 그다음 구축된 고객 통합 데이터베이스를 대상으로 마이닝 작업을 해 고객 특성을 분석하고, 이를 통해 세운 전략을 활용할 수 있는 다양한 마케팅 채널과 연계해야 한다.

1.2 수요예측 기법의 선정

수요예측은 매출계획 수립, 설비투자, 생산계획, 구매계획, 인력수급 등 기업의 전반적인 운영전략 수립의 기초자료로 활용된다. 즉, 수요예측 결과를 기초로 설비증설, 생산일정, 원자재 구매, 인력고용 등의 의사결정이 이루어진다.

과잉재고와 재고부족의 최소화를 위한 수요예측은 예측대상 및 기간에 따라 다양한 예측방법이 존재한다. 크게 정량적 기법Quantitative Method과 정성적 기법Qualitative Method으로 나눌 수 있으며, 정량적 기법은 시계열 분석Time Series Analysis과 인과형 모형Causal Forecasting으로 구분된다. 정량적 기법은 과거의 수요가 미래수요에 대한 훌륭한 척도라는 전제를 기반으로 과거수요 패턴을 분석하고, 미래수요를 예측하기 위해 수치적 방식에 의존한다. 수치적 방식에는 이동평균법, 최소자승법, 회귀분석법 등이 있다.

정성적 기법은 향후 제품수요에 대한 전문적인 의견을 토대로 하며, 대부분 이러한 정보들은 직관적이고 주관적 판단을 기반으로 형성된다. 고객 포커스 그룹, 전문가 단체, 두뇌 집단, 리서치 기관 등으로부터 수집한 정보를 포함하며 델파이법, 시장조사법, 전문가 예측법, 컨조인트 분석, 인덱스 분석 등의 방법을 사용한다. 그중 델파이법은 1950년대 랜드 연구소RAND Corporation에서 미(美) 공군의 후원으로 진행한 '구소련 입장에서 유사시 원자폭탄 사용량 예측'이라는 과제의 해결을 위해 개발되었다. 총 다섯 라운드에 걸친 설문조사를 통해 전문가 의견을 수렴했는데, 첫 번째 라운드를 진행한 후 전문가들은 투하해야 하는 폭탄 수를 50~5000개 범위 내에서 대답했으나 다섯 번째 라운드가 끝난 후에는 167~360개 범위로 의견이 수렴되었다.

〈그림 2-2〉와 같이 미국 기업의 실무에서 사용되는 예측기법은 시계열분

그림 2-2 미국 기업들이 실무에서 사용하는 예측기법

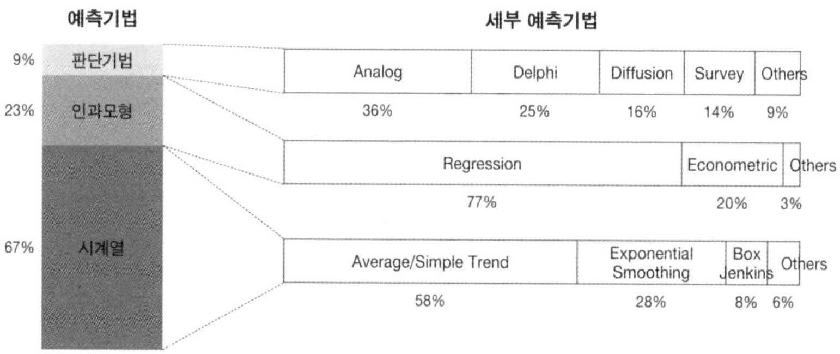

| 예측기법 | | 세부 예측기법 | | | | |

예측기법	세부 예측기법				
9% 판단기법	Analog	Delphi	Diffusion	Survey	Others
	36%	25%	16%	14%	9%
23% 인과모형	Regression			Econometric	Others
	77%			20%	3%
67% 시계열	Average/Simple Trend		Exponential Smoothing	Box Jenkins	Others
	58%		28%	8%	6%

자료: 김옥남(2008).

석이 가장 많은 빈도를 차지하며 그다음으로 인과형 모형, 전문가 판단기법 순으로 알려져 있다.

수요는 다양한 특성 때문에 여러 가지 예측기법을 필요로 한다. 아무리 좋은 예측기법을 사용해 예측한 경우라도 미래의 수요는 여러 가지 요인에 의해 영향을 받으므로 반드시 오차가 생기기 마련이다. 예측오차를 측정하는 데는 절대편차평균MAD과 오차제곱평균MSD이 많이 이용되고, 누적예측오차와 그에 대응하는 절대편차평균MAD의 비를 이용해 예측의 정확도를 측정한다. 추적지표Tracking Signal 값이 음수(−)이면 예측치가 실제치보다 크고, 양수(+)이면 예측치가 실제치보다 낮은 것이며, 0에 가까울수록 정확한 예측이 이루어졌다는 것을 의미한다.

최적의 예측기법을 선택하기 위해서는 각 기법의 내용이나 장단점에 관한 명확한 이해가 선행되어야 하는 것은 물론, 예측대상의 수준, 예측용도, 예측기간, 요구되는 정확도, 과거 자료의 유무 및 유형, 예측에 소요되는 시간 및 비용 등 여러 가지 요인을 고려해야 한다. 신제품의 수요예측과 같이

표 2-1 수요예측 기법과 특징

정성적 기법들	델파이법	신제품 개발, 신시장 개척 등 수요대상에 대해 전문가나 담당자들이 관련된 정보를 수집해가며 예측하는 방법이다. 이때 전문가를 한자리에 모으지 않고 투표 형식으로 예측하며 예측이 동일해질 때까지 반복해 예측 평균값을 찾아낸다.
	시장조사법	조사하려는 내용에 대한 가설설정과 조사실험을 실제 시장에 실시한다.
	판매원 의견예측법	각 지역을 담당하고 있는 판매원들이 소비자의 형태를 분석해 종합 정리한다.
	전문가 의견예측법	전문가들이나 최고경영자들이 하나의 팀을 구성해 서로의 의사를 제시하고 예측한다(Bandwagon이 발생할 수 있음).
	라이프사이클 유추법	전문가의 도움이나 경영자의 경험으로 제품의 라이프사이클을 판단해 예측한다(비슷한 제품의 성립 과정을 비교 또는 유추해 예측 결정).
시계열분석 기법들	이동평균법	일정 기간을 대상으로 시계열 자료의 산술평균 또는 가중평균치를 구한다. 계절 및 불규칙요인을 제거하는 기법으로 평균은 이동식으로 산출된다(계절 변동에 이용). $$MA = \frac{\text{과거 모든 기간의 수요 합}}{\text{총기간의 수}}$$
	지수평활법	가중평균의 일종으로 최근 수요에 더 많은 가중을 두어 평활시키는 방법이다. a값이 클수록 수요변동의 폭이 커지므로 수요가 안정될수록 a값을 작게 한다(단기의 불규칙변동에 이용). $$F_t = F_{t-1} + a(A_{t-1} - F_{t-1}) \text{ 또는 } F_t = a A_{t-1} + (1-a) F_{t-1} = 1$$
	최소자승법	관측치와 추세치의 편차자승의 총합계가 최소가 되도록 추세평균선을 만들어 예측한다(추세변동에 이용). 짝수일 때 $Y = a + bx$ / 홀수일 때 간편법 $\Sigma x = 0$일 때 $$t = \frac{n\Sigma xy - (\Sigma x + \Sigma y)}{n\Sigma x^2 - (\Sigma x)^2}$$ $$a = \frac{(\Sigma y \times b\Sigma x^2) - (\Sigma a \times \Sigma xy)}{n\Sigma x^2 - (\Sigma x)^2}$$ $$b = \frac{\Sigma xy}{\Sigma x^2}, \quad a = \frac{\Sigma y}{n}$$
	박스 젠킨스법	지수평활법의 일종으로 시계열 자료 사용에 따른 예측오류가 최소화되도록 매 개변수를 추정해 사용한다. 계산이 많으나 정확하다.
	X-11 기법	미국 인구통계국에서 개발된 것으로, 시계열을 계절, 추세, 순환, 불규칙 요인으로 나누어 예측하는 방법이다. 다른 기법과 함께 쓰이며 중기예측에 매우 유용하다.
인과형 기법들	회귀분석법	두 변수 사이의 선형관계를 가정해 회귀선 주위에 있는 점들의 수직편차 자승합을 최소화하는 선형방정식을 구하는 기법이다(최소자승법과 같다).
	선도지표방법	어떤 경제활동이 특정 방향에서 타 경제활동에 앞서가는 경우 전자를 선도지표로 보고 예측에 이용하는 기법이다.

자료: 유지철(2013).

과거의 자료가 전혀 없을 때는 정성적 기법을 사용한다. 또한 시계열분석 기법이나 인과형 모형은 상당한 양의 과거 자료를 필요로 한다. 그러나 과거 자료가 충분해 시계열분석 기법이나 인과형 모형을 사용할 수 있는 경우에도 과거 자료가 안정적인지 아니면 추세나 순환변동, 계절적 변동을 가지고 있는지의 여부에 따라 구체적인 기법이 선정된다. 일반적으로 정성적 기법은 장기예측에, 인과형 모형은 중기예측에, 시계열분석 기법은 단기예측에 많이 사용된다.

2 유통계획(Distribution Planning)

물류는 오늘날 물자의 흐름을 의미하는데 처음에는 공장에서 소비자에 이르기까지의 완제품 유통을 의미하는 판매물류를 지칭했다. 미국에서 기업들이 자재 및 제품의 흐름을 개선해 비용을 절감하거나 서비스를 향상시키기 위해 처음 관심을 가졌던 분야는 물적 유통Physical Distribution 이었다. 그러나 생산이나 구매 부분의 협력이 없는 제품물류만으로는 한계가 있어 판매물류 외에 조달물류, 생산물류, 회수물류까지 포함하는 물자의 흐름으로 진화했다. 제품의 흐름과 수량조절기능이 있는 생산과 조달기능의 구매 부분이 통합되어 로지스틱스로 진화한 것이다.

최근에는 무엇보다 기업 내외 자재흐름의 통합적 관리를 지향하는 물류관리의 필요성이 강조된다. 공급업체에서 고객까지 확대시킨 개념, 즉 전체 공급망의 효율화를 추구하는 공급사슬관리SCM 개념으로 확대되고 있다.

유통계획의 목표는 원하는 시기에 저렴한 가격으로 다수의 고객에게 제품과 서비스를 제공하는 데 있다. 마스터 스케줄링 레벨에서 최종제품 단위의

그림 2-3 물류에서 로지스틱스로의 통합 과정

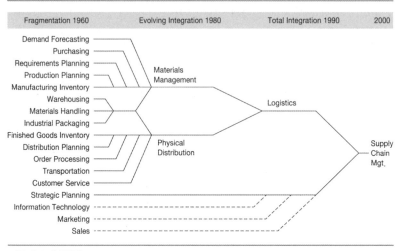

자료: Battaglia(1994).

유통 재고나 물류 자원계획을 수립하는 것으로, 각 유통 지역별 재고 현황, 수요예측, 고객주문 현황 등을 포함한다. 또한 유통계획 단계에서는 예측된 전체 수요를 세분화된 수요 데이터로 분석하고 재고를 보관하는 거점별 재고보충을 위한 오더 발행 계획을 수립한다. 이뿐만 아니라 유통창고, 운송수단, 물류지원 등의 계획을 통해 S&OP 제품군 레벨의 수요예측에 활용한다. 유통계획을 수립하는 데 있어서 고려해야 할 전략적 요인들은 다음과 같다.

· 제품이 소비자에게 전달되는 과정에서 얼마나 많은 유통 단계를 거치는가?
· 각 유통 단계에 얼마나 많은 물류창고가 필요하며, 지리상 어디에 위치해야 하는가?
· 각 단계의 물류창고에서 어떤 기능(해체, 포장 등)이 수행되어야 하는가?
· 제조업자가 물류창고를 소유하고 있어야 하는가? 아니면 별도의 물류 회사

표 2-2 시대별 물류관리의 범위

구분	물적 유통 (Physical Distribution)	물류 (Logistics)	공급사슬관리 (SCM)
시기	1970년대	1980년대	1990년대 이후
목적	물류부문별 효율화	기업 내 물류 효율화	공급사슬, 전체 효율화
대상	수송, 보관, 하역, 포장 등	생산, 물류, 판매	공급자, 제조업자, 도매·소매업자, 고객
수단	물류부문 내 시스템의 기계화 및 자동화	기업 내 정보시스템, POS, VAN, EDI	파트너십, ERP, SCM
주제	효율화 (전문화, 분업화)	물류비용과 서비스 대행, 다품종 소량, JIT, MRP	ECR, 3PL, QR, 재고감소
구호	무인으로의 비전	Total 물류	종합 업무시스템

자료: 장성기(2014).

들에게 하청을 주어야 하는가?

· 유통 네트워크에서 다음 단계로 상품을 수송할 때 가장 좋은 운송수단은 무
  엇인가?

· 회사는 자체 소유의 유통시스템을 가지고 있어야 하는가? 아니면 일반 운송
  수단을 사용해야 하는가?

· 유통 네트워크의 운송·저장·상품관리 단계에서 원가를 절감할 수 있는 방
  안은 무엇인가?

· 보충 및 공급 관리를 위해서는 어떤 시스템이 구축되어야 하는가?

유통센터에 재고를 보충하는 방식에는 Pull 시스템과 Push 시스템이 있
다. Pull 시스템은 미리 설정한 수량 아래로 재고가 떨어질 때마다 보충 주
문을 발생시키는 ROP_{Reorder Point} 기법이 대표적이다. 재고는 각각의 유통센
터가 전통적 방법으로 관리한다. 재보충 시점은 안전재고와 보충하는 데 필

그림 2-4 BOD(Bill of Distribution)

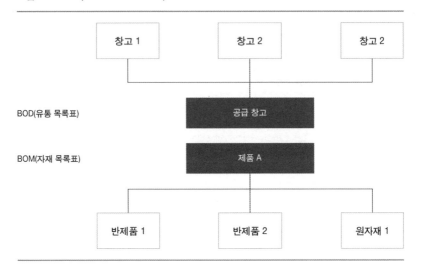

요한 소요기간 동안의 예상수요를 더한 수량을 기준으로 하며 보통 재고관리단위SKU로 설정한다. 각 저장소가 독립적으로 운영되기 때문에 중간 저장소와 공장에서 주문시기를 예측하기 어렵다는 단점이 있다.

 Push 시스템은 자재소요계획MRP의 기반이 되는 기간대별 발주점 관리TPOP: Time Phased Order Point 방식이다. 비연속적인 수요와 많은 수량 편차로 야기되는 Pull 시스템의 단점을 보완하고, 예상 가용-재고가 기간대별로 안전재고 이하로 떨어지면 로트 사이즈Lot Size가 감안된 계획 오더를 생성하게 된다. MRP에서 BOM(자재구성표)을 이용해 품목 간의 연결을 기록하듯, 배송소요계획DRP: Distribution Requirement Planning 에서는 BODBill of Distribution를 이용해 재고 저장소 간의 상호 의존성을 관리한다. 최종 유통센터의 계획 발주량은 전통적인 TPOP 방식으로 결정되고, 그것이 전개되어 상위 유통센터의 총소요량이 되는 방식이다.

BOD Bill of Distribution 는 자재구성표BOM의 개념 및 구조에서 응용되었으며 BOM이 자품목과 모품목을 연결하는 것처럼 BOD 또한 공급 도매점과 지역 도매점을 연결하는 유통 목록표를 이용한다. 모품목에 수요가 발생했을 때 MRP는 모품목의 BOM을 참조해 소요량을 전개하고, 자품목의 수요를 계산한다. 반면, BOD의 구조는 하위(지역 도매점)부터 상위(공급 도매점)까지 요구량의 이동이 용이하도록 설계되었으며 '역 BOM'이라고도 한다. 자재소요계획과 유통계획의 차이점은 자재소요계획은 기준생산계획에서 정해진 생산계획에 따라 기간별 부품의 소요량을 계산하는 한편, 배송소요계획은 최종제품에 대한 고객의 수요에 따라 움직인다. 그러므로 자재소요계획은 종속수요에 적용하고 배송소요계획은 독립수요에 적용한다.

3 판매운영계획(S&OP)

판매운영계획 Sales and Operations Planning 은 사업목표를 제품군 수준의 수량으로 나타내기 위한 정규절차로 월 단위 계획을 수립한다. 이는 제품군 그룹이 수요 측면에서는 예측이 가능하고 공급 측면에서는 RP Resource Planning 를 이용해 자원들에 대한 계획 수립이 가능한 레벨이기 때문이다.

제품군의 총량적 레벨에서 관리자에 의해 수행되고 사업계획과 연관되며 모든 공급, 수요, 신제품 개발 계획이 일치되어야 한다. 이미 결정된 공급범위 내에서 예상된 재고나 주문잔고량을 최소화하는 동시에 관리 목표를 달성하도록 공급량을 정하고 영업·운영 계획의 실행 가능성과 관련된 피드백을 제공한다.

S&OP 관련 회의에는 필요 자원을 확보하고 장애물을 제거할 권한이 있

그림 2-5 S&OP 프로세스 관계도

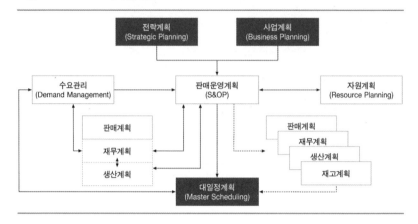

는 경영진과 이슈 및 의사결정에 관해 책임이 있는 핵심 운영 레벨의 인력 참여가 중요하다.

3.1 주요 고려사항

① 제품군Product Family 정의 : 6~12개의 제품군이 최적이지만 제품형태, 특성, 크기, 브랜드, 시장의 구분, 고객 등 시장에서 마케팅이나 판매 측면을 고려해야 하고 생산에 사용될 공통자원을 바탕으로 정의해야 한다.

② 측정단위: 단위Units, 무게Weight, 부피Volume, 사양Cases 등을 시장에 공급하는 단위Unit와 일치시키는 것이 좋다.

③ 계획기간: 연간 사업계획을 지원하는 것은 S&OP의 주요 원칙으로 주로 월 단위 계획 구간이 필요하다. 15~18 S&OP 구간처럼 3~6개월 정도의 추가적인 구간을 포함할 수도 있다.

④ 고객 서비스 수준: 적시에 납품되는 제품군에 대한 고객의 기대치에

맞도록 설계해야 한다.

⑤ 재고수준: MTS 환경에서는 고객 서비스 수준을 결정하는 데 완제품 재고수준이 중요하다. 목표로 하는 고객 서비스 수준에 기반을 두고 재고 버퍼 유지를 목적으로 안전재고를 사용한다. ATO 환경에서는 최종 조립계획을 기다리는 모듈화된 부품 레벨을 고려해야 한다.

⑥ 백로그Backlog 수준: 백로그는 주문을 받았으나 아직 납품되지 않은 수주잔고를 말한다. 백로그의 크기는 고객 서비스를 위한 제조업체의 가용능력과 제조 리드타임에 영향을 주지만, 백로그가 너무 작으면 운영 측면에서 작업 효율이 떨어진다.

3.2 수립절차

S&OP 프로세스는 〈그림 2-6〉과 같이 다섯 단계로 구성된다. 처음 두 단계가 예측을 직접적으로 다루고 있다.

· 1단계: 판매예측 실행

판매예측에 사용될 판매·마케팅 데이터를 생성하기 위해 실판매, 재고 또는 수주잔고(Backlog) 데이터를 수집 및 준비한다.

· 2단계: 수요계획 단계

1단계에서 넘어온 판매 및 마케팅 계획을 검토한 후 통계적 수요예측을 실시하고 전체 계획기간에 걸쳐 새로운 예측 데이터를 재조정한다.

· 3단계: 공급계획 단계

수요계획 단계에서 승인된 예측 정보를 받아 볼륨 레벨에서 수요와 공급 간 최초 균형을 이루게 한다. 이전의 생산계획과 비교해 판매예측, 재고수준,

그림 2-6   S&OP 수립절차

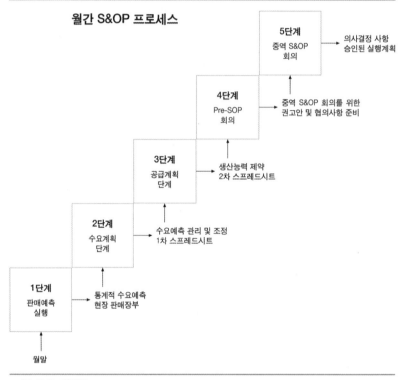

월간 S&OP 프로세스

5단계
중역 S&OP
회의
→ 의사결정 사항
승인된 실행계획

4단계
Pre-SOP
회의
→ 중역 S&OP 회의를 위한
권고안 및 협의사항 준비

3단계
공급계획
단계
→ 생산능력 제약
2차 스프레드시트

2단계
수요계획
단계
→ 수요예측 관리 및 조정
1차 스프레드시트

1단계
판매예측
실행
→ 통계적 수요예측
현장 판매장부

월말

자료: 월리스 외(2005).

고객의 주문잔고 크기가 변경되었다면 계획을 갱신해야 한다.

· 4단계: Pre-S&OP 회의

운영 레벨의 핵심 인력들이 모여 기존의 정책, 전략, 사업계획 등의 구조하

에서 의사결정을 수행한다. 자원 과부족에 대한 권고안, 예상되는 투자계획

을 검토하는 등 주요 이슈에 대한 의사를 결정해 예비적 S&OP를 작성한다.

· 5단계: 중역 S&OP 회의

예비적 S&OP에 대한 수정 또는 승인에 대한 의사결정을 한다. 제품군에 대

한 이슈, 조달 및 생산에 관한 큰 변화, 고객 서비스 수준 등 정책상의 변화 등이 고려되어야 한다.

4 대일정계획(Master Scheduling)

대일정계획은 목표로 주어진 고객 서비스를 유지하기 위해 자원을 최적으로 활용하고 최적의 재고수준을 유지하는 활동이다. 대일정계획은 MPS(주생산계획)를 준비하고 작성하는 절차인데, MTO/MTS 환경에서는 특정 제품군의 최종제품에 대한 수량과 납기의 생산 스케줄을 작성한다. ATO 환경에서는 고객의 주문접수를 받은 후 최종조립계획FAS: Final Assembly Scheduling 을 다시 한번 생성하기 때문에 최종제품이 아닌 부품이나 하위부품의 스케줄을 생성한다. 더욱 나은 고객 서비스 제공에 있어서는 S&OP와 동등하지만 계획대상(제품군 대 최종제품) 및 주기(월, 주)에서는 차이를 보인다. 마스터 스케줄링의 입력물은 다음과 같다.

· 생산계획(Production Plan)
· 제품별 수요예측
· 고객의 주문
· 추가적인 독립수요
· 재고수준
· 생산능력 제약(Capacity Constraints)

MPS는 재고수준과 고객 서비스 목표를 유지하면서 적당한 생산능력과

그림 2-7 대일정계획(Master Scheduling) 프로세스 관계도

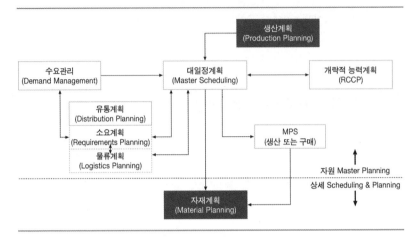

자재계획을 보증할 수 있도록 검토하고 조정하는 절차이기 때문에 시뮬레이션 모드로 진행된다. 최선의 일정에 도달할 때까지 여러 번 계속하며, 예비 주 생산일정이 수립되면 애로 자원에 대해 제약조건 테스트를 수행한다. 생산할 제품 그룹의 비율이나 대단위로 표현된 판매 및 생산계획을 구체적인 최종제품과 수량, 완료일자로 변환한다.

개략적 능력계획RCCP: Rough Cut Capacity Planning을 통해 주생산계획MPS의 수행에 필요한 작업인원, 장비, 창고 용량, 원자재 공급선의 능력, 경우에 따라서는 자금 등 주요 자원Key Resource에 대한 점검이 이루어진다. 점검되어야 할 자원은 자원목록표Bills of Resource에서 관리되는데, 주 경로Critical Path나 병목Bottleneck 공정이 주요 점검 대상이 된다.

4.1 MPS 수립방법

MPS를 수립하는 목적은 다음과 같다.

· 완제품의 적정 재고수준을 유지하거나 고객의 요구 납기를 준수하기 위한
  일정 조정을 통해 고객 서비스의 목표 수준 유지
· 자재, 노동력, 장비의 투입효율 향상
· 재고비용의 목표 수준 유지

이러한 목적 달성을 위해 MPS는 제조능력 및 생산계획 범위 내에서 고객의 요구사항을 만족시킨다. MPS 수립을 위해서는 우선 MPS 초안을 작성하고 개략적 능력계획RCCP을 통해 실행능력에 문제가 없는지를 점검하며 차이점을 해결하는 과정을 거친다.

〈표 2-3〉을 살펴보면 기간 1은 기초재고 18개로 시작한다. 예상수요 12개를 충족시키고 나면 가용재공량은 여섯 개가 된다. 기간 2의 예상수요 12개는 잔여재고로 충족시킬 수 없기 때문에 기간 2의 MPS 수량으로 해결해야 한다. 이렇게 하고 나면 예상가용량 14개(6+20-12)가 기간 2 완료시점에 발생한다. 기간 3에서는 예상수요 12개가 예상가용량 14개로 만족되고 예상가용량 2개가 남게 된다.

둘째 주의 MPS 숫자 20 옆에 표시된 F는 확정 MPS라는 사실을 나타낸다. 계획 확정구간PTF: Planning Time Fence 이란 시간의 한 지점으로, 컴퓨터에 의해 생성된 PTF의 바깥쪽에 위치한 MPS들을 계획된Planned MPS라 하고, PTF 안쪽에 있는 MPS들을 확정된Firm MPS라고 부른다. 계획 확정구간은 보통 생산 및 구매 리드타임 값보다 25~50% 정도 크게 설정할 것을 권고하는데,

표 2-3 MPS 예

제품 #7777	마스터 스케줄링 화면								
	리드타임=1주, 주문량=20, 안전재고=0, 계획확정구간: @3주								
주(Week)		1	2	3	4	5	6	7	8
판매예측		12	12	12	12	12	12	12	12
예상가용량(OHB)	18	6	14	2	10	18	6	14	2
MPS			20F		20	20		20	

이는 마스터 스케줄링 소프트웨어가 보충 주문의 생성이나 변경을 허락하지 않는 안쪽 지점을 말한다. 이것은 사람인 마스터 스케줄러가 통제를 유지하기 위해 하는 매우 중요한 조치이다.

MPS를 수립하는 일련의 과정은 어떤 제품군에 속한 각각의 제품별로 수행된다. 제품별로 계획된 총생산계획량과 총기말재고수량이 생산계획과 일치하지 않을 경우 각 제품별 생산계획을 조정해 총생산계획과 일치하도록 해야 한다.

4.2 개략적 능력계획(RCCP)

개략적 능력계획은 MPS 초안이 필요로 하는 실행능력에 문제가 없는지 병목공정이나 주요 자원에 대해 점검하는 절차이다.

〈표 2-4〉는 특정 주의 병목공정의 자원명세서이다. 이 작업장에서 요구되는 실행능력은 다음과 같다.

모델 A 200 × 0.203 = 40.6 표준시간

모델 B 250 × 0.300 = 75.0 표준시간

표 2-4 자원명세서

Work Center #20	표준시간(Assembly Time)			
	모델 A	모델 B	모델 C	모델 D
	0.203	0.300	0.350	0.425

주: MPS는 모델 A가 200개, 모델 B가 250개, 모델 C가 200개, 모델 D가 100개이다.

모델 C 200 × 0.350 = 70.0 표준시간

모델 D 100 × 0.425 = 42.5 표준시간

___

소요시간 = 228.1 표준시간

가용 실행능력이 요구되는 소요 실행능력보다 클 경우 MPS는 문제가 없다. 그러나 그렇지 않을 경우 실행능력을 향상시킬 방안을 찾아야 한다. 예를 들어 잔업, 추가 인력투입, 다른 작업 공정으로의 공정변경, 외주처리 등이 있을 수 있고 이러한 것들이 불가능할 경우 MPS를 변경해야 한다. 즉, MPS는 다음 조건을 바탕으로 판단해야 한다.

· 자원사용: MPS는 최적의 자원사용을 반영하고 있는가?

· 고객 서비스: 고객에게 제품을 인도하기까지 문제가 없는가?

· 원가: 잔업, 외주, 작업촉진 및 운송 때문에 과도한 지출이 발생하지 않는가?

Chap 03 자재수급과 재고관리

1 구매·자재 관리

1.1 경영·원가 측면의 구매·자재 관리

　기업이윤을 외부 판매이윤 외에 내부이윤인 원가절감에서 찾는 기업들이 늘어남에 따라 재무 또는 생산관리부문에 비해 상대적으로 과소평가되던 구매·자재 관리가 전문적인 관리영역으로 바뀌고 있다. 원자재 5% 절감은 영업 신장률 50%의 가치를 가진다. 구매·자재 관리가 소비의 개념에서 원가절감을 통해 이익을 창출하는 현금 개념으로 바뀌고 있는 것이다. 이러한 경영관리 측면 외에 기업에서 유형별 재고자산의 규모를 파악하는 것은 경영효율의 측정인 자금운용과 원가관리 측면에서도 중요하다. 재고 유형별 자산의 크기가 적정해야만 효과적인 재고관리가 이루어진다고 볼 수 있기

표 3-1 중소기업 매출액 대비 구매비용

구분		원자재 구매대금	부자재 구매대금	소모성 자재 구매대금	총구비비용
%		29.4	8.2	2.0	49.5
주 업종	섬유	25.8	3.7	0.9	38.0
	화학	23.3	7.0	2.2	40.6
	조립금속	34.0	10.0	3.2	59.1
	기계	33.9	9.6	1.3	56.0
	전기·전자	27.2	9.7	1.7	48.3

자료: 이재광 외(2007).

때문이다. 대차대조표는 오른쪽에 부채와 자본을 기재해 기업의 자금조달 상황을 나타내고 왼쪽에는 자산을 기재하며, 현금화하기 쉬운 순서로 표기한다. 재고자산은 유동자산에 기재된다. 총자산에서 재고자산이 차지하는 비중도 제조업 평균 15~20%에 이르고 많은 경우 30~50%를 차지하기도 한다. 재고가 유동성이 있다고 하더라도 시간 경과에 따라 가치가 감소되고 자금이 상당 기간 고정화되기 때문에 자금이 회전됨으로써 얻는 판매이윤을 상실하는 기회손실비용, 즉 재고투자비용이 발생한다. 그래서 오늘날 재고에 대한 평가는 현금이 고여 있는 리스크가 큰 자산이기 때문에 재고를 줄여야 하는 대상으로 인식하고 있다.

1.2 개념 및 업무체계

구매·자재 관리는 기업 활동에 필요한 자재를 효율적으로 관리하기 위한 자재의 분류, 소요량 산정, 구매, 보관, 공급, 처분에 이르는 일련의 과정을 의미한다. 구매계획부터 구매요청, 발주, 입고, 출고 및 대금지불까지의 과정을 합리적이며 능률적으로 수행하는 것이다.

그림 3-1 · 제품 라이프사이클 관점의 구매·자재 역할

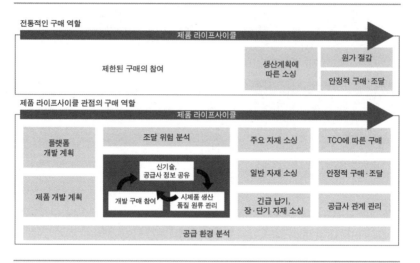

자료: 액센츄어코리아(2008).

구매·자재 관리도 생산관리의 일환이므로 품질관리, 원가관리, 공정관리를 실시하지만, 기본업무는 계획(요구) → 조달(협의) → 보관(저장)의 순서로 진행된다. 계획은 소요계획 → 구매계획 → 계약검토 단계로 이루어지는데 이를 통해 자재견적에 따라 생산에 필요한 자재의 소요량과 납기를 정한다. 조달은 구매와 외주로 나뉘는데, 발주 → 납기관리 → 입고 → 대금지급 단계로 이루어지며 여기에 검수업무도 포함된다. 보관은 창고업무나 추가적인 운반기능을 포함시키는 경우도 있다.

1.2.1 자재의 분류(재무적인 측면)

합리적인 자재관리를 위한 자재의 구분은 수요빈도나 자재의 성질, 상태 등에 따라 분류된다. 이때 예산과 연계되는 재무적인 측면에서 재무제표상

의 재고자산을 분류하는 방법을 알아둘 필요가 있다.

① 원재료: 제품생산에 직접 소비될 목적으로 취득된 주재료 및 부자재

② 재공품: 제품 또는 반제품을 제조하기 위해 제조현장에서 가공, 조립 등이 행해지고 있는 자재

③ 반제품: 제품의 제조과정에서 최종제품의 조립을 위해 저장 중인 것. 판매를 목적으로 하지 않은 것이지만 유지보수용 및 부속품으로 판매되는 경우도 있음

④ 제품(상품): 제조가 완성된 것. 부산물, 반제품 등 중간적 제품이며, 가공이 완료되어 판매를 목적으로 실제로 저장 중인 것을 포함

⑤ 저장품: 원재료 이외의 설비유지용 및 업무용 자재, 즉 MRO 품목인 설비부품, 비품(공기구비품, 사무용비품, 소모품) 등으로 저장 중인 것

⑥ 미착 자산: 이미 발주되어 원본 대금이 지급되었으나 현품을 인수하지 못한 것

⑦ 정리품(불용자재): 사용할 필요가 없거나 재고로 보유하는 것이 비경제적인 불용자재(원재료 및 저장품 계정과 분리하는 것이 현실적임)

1.2.2 구매절차

구매는 구매요청 접수와 분석, 공급선의 선정, 적절한 가격 결정, 구매오더 발행, 주문 독촉, 상품 접수 및 승인, 공급자 대금지불 승인의 절차를 거친다.

① 구매요청 접수와 분석: 현장에서 구매요구서를 구매부서에 제출하는 것으로 구매요구 부서의 무분별한 구매요청을 방지하기 위해 해당 부서의 예산한도 내에서 품질, 수량, 시기를 기재하고 책임자가 서명하

그림 3-2 구매·자재 관리체계도

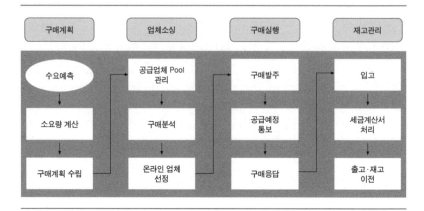

며, 구매부서는 가격과 구매처, 조건을 자체적으로 결정하게 된다. 구매요청은 자재 사용 부서의 담당자가 직접하거나, 공사계획, MRP 수급계획 등 다른 부문으로부터 자동으로 생성될 수 있다. 생성된 구매요청은 견적요청서RFQ, 자동발주, 개별발주 등 다양한 방법을 통해 구매오더로 처리된다.

② 공급선의 선정: 다수의 공급자 중에서 누구에게 가격을 맞추고 발주해야 하는가를 적당한 기준에 따라 선택한다(견적요청서 발행).

③ 적절한 가격 결정: 공급자 결정의 최종적 요인 중 하나이다.

④ 구매오더 발행: 구매요구서(구매요청의뢰서)에 의해 공급자에게 발주서P/O: Purchase Order를 발행한다. 발주절차는 최초 작성된 구매요구서에 선정된 공급업자, 지급조건, 인도조건, 가격, 수량 및 그 외에 필요한 사항을 기입한 후 책임자의 서명을 받는다. 구매요청, 견적요청서, 구매계약 등을 참조해 구매오더를 생성한다. 재고관리나 엄격한 구매관리가 필요하지 않은 가벼운 소모품 구매의 경우 Blanket PO를 활용해 구

매절차를 간소화할 수 있다. 포괄주문계획Blanket Order을 활용하면 각각 업체에 따른 제품군별 구매한도액을 설정한 후 입고 등의 절차를 생략하고 정기적으로 송장만을 입력해 매입처리하는 것이 가능하다.

⑤ 주문 독촉: 공급자와 부단한 커뮤니케이션을 통해 납기를 지킬 수 있도록 조치한다.

⑥ 상품 접수 및 승인: 공급자가 물품 발송을 통지하면 구매부서에서 납품서에 체크해 확인한다.

⑦ 공급자 대금지불 승인: 구매 품목에 대한 내용을 구매오더 및 실입고 내역과 비교해 차이가 있는지를 점검하고 이상이 없으면 대금지불이 될 수 있도록 승인한다.

1.3 자재소요계획(MRP)

MRP는 IBM사의 조지프 올릭키Joseph A. Orlicky에 의해 개발된 자재 및 재고의 종속수요 관리기법으로, 주문량과 주문시기를 기초로 하는 전통적인 재고관리기법의 약점을 보완하기 위해 만들어졌다.

주생산계획MPS에 나타난 제품은 다른 품목의 수요와 전혀 상관없이 시장환경 속에서 그 수요가 결정되는 독립수요 품목이다. 한편 주일정계획에 나타난 제품을 생산할 때 필요한 원자재나 부품 등은 종속수요 품목으로, 그수요가 주일정계획에 나타난 품목의 소요량에 의해 계산된다. MRP시스템은 MPS에 나타난 제품생산이 차질 없이 진행되도록 원자재 및 부품의 필요량과 필요시기를 계산해 발주계획을 제시한다. 이렇게 하기 위해서는 다음과 같은 정보가 기본적으로 필요하다.

첫째, 정확한 MPS가 수립되어야 한다. 보통 고객주문이나 수요예측 정보를
이용해 주단위로 수립한다.

둘째, MPS상에 나타난 제품은 어떤 원자재와 부품으로 구성되는지를 알려주
는 BOM 정보가 정확해야 한다.

셋째, MPS에 나타난 제품의 재고량, 원자재와 부품 등의 실제적인 생산량, 입
고량, 출고량 및 현재 재고량들이 신속하게 갱신되어야 한다.

자재목록표BOM: Bill of Material는 어떤 품목 한 개를 만드는 데 소요되는 모든
부품과 수량을 보여준다. BOM을 통해 파손된 부품을 수리하는 데 필요한
대체 부품Service Parts을 확인할 수 있고 최종제품을 생산하기 위해 어떤 부품
이 필요한지에 관한 계획 또한 세울 수 있다. 제품에 많은 옵션이 있을 경우
고객주문관리 용도로 활용되며 원가계산의 목적으로 직접재료비 외에 직접
노무비와 제조간접비의 배부를 결정하는 구조를 제공한다.

BOM은 구조나 목적에 따라 다양한 방법으로 분류된다. 우선 자품목 중
바로 아래 단계에 사용되는 어셈블리나 서브 어셈블리만을 보여주는 Single
Level BOM, 자품목의 모든 단계를 보여주는 Multi Level BOM, 제품구조도
상의 표시 수준Level을 들여쓰기 형태로 표현한 Indented BOM이 있다.

실제 제조하는 품목이 아닌 가공적인 그룹을 정해 생산계획이나 판매계
획에 사용하기 위한 '계획용 BOM(Modular BOM*, Percentage BOM**)'과, '설
계 BOM' 혹은 '기술 BOM'으로 불리는 'EBOMEngineering BOM'도 있다. 여기서

- 옵션과 공통 부품들로 구성되며 생산계획 시 옵션을 대상으로 계획을 수립한다.
- 자품목의 양을 정수가 아닌 백분율로 표현한 BOM으로 판매 및 마케팅 부서에서 주로 사용되며,
계획을 수립할 때 역시 사용된다.

EBOM은 설계자의 시각에서 본 제품의 형상이다. 또한 생산순서를 담고 있으면서 생산의 편의성 위주로 만들어진 '제조 BOM MBOM, Manufacturing BOM'이 있다. 설계에서는 필요하지 않으나 생산의 순서상 임시 부품이 만들어지면 생산할 때 이해가 편리한 경우가 있다. 이러한 목적으로 사용되는 임시 가상의 BOM을 'Phantom BOM', 'Transit BOM' 혹은 'Blow-Through'라 한다. 팬텀 품목은 소요량 계산 시 0으로 정해지며 발주정책은 필요한 만큼 주문하는 'L4L' 방식이 된다.

자재소요계획을 할 때에는 생산계획, 공사계획, 정비계획 등 다양한 형태의 작업지시 자재소요량을 취합하고, 현재 재고량 및 기존 발주량을 고려해 순수 부족분의 자재를 최적화된 구매량 단위로 적시에 공급할 수 있도록 자재에 대한 조달계획을 수립한다. 직접적인 자재 요구량 산정이 곤란한 MRO 자재, 부자재 등은 과거의 사용 실적을 바탕으로 향후 수요를 예측하고 그 결과에 따라 적정한 재고수준을 유지하도록 구매요청을 하는 MRO 수급 계획을 수립한다.

구매오더의 수량은 다양한 Lot Size 정책에 의해 결정되는데 자재별로 Static 방법, Period 방법, Optimum 방법 등이 사용된다.

① Static 방법: 필요한 수요만큼 공급량을 제시하는 L4L Lot for Lot 방식, 일정 수량의 배수로 제시하는 Fixed Lot - Size 방식 및 Tank / Silo 등에 보충할 수 있는 한계까지 제시하는 Replenish up to max 레벨 방식이 있다.
② Period 방법: 일간, 주간, 월간, 재무결산 기간, 계획달력을 이용한 특정 기간 등 일정한 기간의 수요를 합해 공급량을 제시하는 방식이다. POQ Period Order Quantity 는 주문이 필요한 기간마다 발주를 내지 않고 일정

한 기간 동안 발생되는 순 소요량을 합해 주문의 필요가 발생되는 첫 기간에 발주를 내는 방식이다.

③ Optimum 방법: 재고의 유지비용과 주문 발주비용을 계산해 최적의 적정 공급량을 제시하는 것으로, 다음과 같이 세 가지 방식이 있다.

· EOQ 방식은 경제적 주문량(Economic Order Quantity) 방식을 적용해 재고유지비와 1회 주문비를 가지고 1회 경제적 발주량을 계산한다.

EOQ = $\sqrt{2DS/H}$ (D: 총소요량, S: 주문비, H: 1단위 보관비용)

· LUC(Least Unit Cost) 방식은 수요가 발생하는 첫 주부터 시작해 재고유지비와 주문비를 계산하는 것으로 비용이 감소하다가 증가하게 될 때 비용증가 바로 전까지의 수요량을 모두 합해 1회 주문 로트로 정하는 방식이다.

· PPA(Part Period Algorithm) 방식은 재고유지비와 주문비의 경제적 비율이라 할 수 있는 EPP(Economic Part Period) 값을 계산한 다음, 부품의 재고보유기간 합이 EPP 값을 넘지 않는 선까지의 부품 순 소요량을 모아 한 로트로 정해 발주하는 방식이다.

EPP = S/H (S: 1회 주문비, H: 1주간 1단위의 재고유지비)

1.3.1 MRP 레코드 전개절차

첫째, MPS에 나타난 최종제품의 생산량을 맞추기 위한 원재료 및 부품들의 총소요량을 결정한다. 둘째, 현재 보관 중인 재고와 입고예정량을 반영해 순 소요량을 결정한다. 셋째, 원자재 및 부품의 주문단위를 고려해 발주계획량을 결정한다. 넷째, 발주시기를 구하기 위해 납기예정일에서 조달기간Lead Time을 차감한다.

표 3-2 MRP 레코드 전개

Lot size = 50, Low M = 1, OH = 14, LT = 4, ALLO = 0, SS = 0		Week(Time Buckets)							
		1	2	3	4	5	6	7	8
총소요량(Gross Requirements)		25		35		10	45		25
입고예정량(Scheduled Receipts)		48				41			
현 재고량(Projected on Hand)	14	37	37	2	2	33	-12	-12	-37
순 소요량(Net Requirements)							12		
계획입고량(Planned Order Receipts)							50		
계획발주량(Planned Order Releases)			㊿						

① 총소요량Gross Requirements : 수립된 생산계획을 실행하는 데 소요되는 품목의 총수량이다.

② 입고예정량Scheduled Receipts : 아직 입고되지 않았지만 이미 발주되어 입고가 확정된 수량이다.

③ 현 재고량Projected on Hand : 생산이 착수되기 전 현재 확보하고 있는 재고 기록부에 기재된 수량이다.

④ 순 소요량Net Requirements : 총소요량에서 입고예정량과 전기의 보유재고를 빼고 안전재고를 합한 것으로 새로 발주되어야 할 수량이다. 〈표 3-2〉에서는 6주 차에 처음으로 순 소요량 12가 발생되었다.

⑤ 계획입고량Planned Order Receipts : 순 소요량을 충족시키기 위해 초기에 입고가 예정된 수량이다. 아직 발주되지 않은 계획 단계의 주문이기 때문에 입고예정량과 구별된다. 6주 차의 순 소요량은 12이지만 Lot Size를 감안해 계획입고량은 50개가 된다.

⑥ 계획발주량Planned Order Release : 계획주문의 실행을 의미한다. 계획입고 시

점에서 리드타임을 차감한 것이 발주시점이 되며, 발주량은 계획입고
량과 같다.

1.3.2 MRP의 기술적 이슈들

① 재계산Regeneration: 모든 품목에 대해 MRP 전개를 새로 하는 것을 MRP
재계산이라고 한다. 시스템 성능상의 문제로 전체 품목 중에서 변화가
발생한 품목만을 재계획하는 것을 Net Change 방식이라 부른다.

② 안전재고와 안전 리드타임: 안전재고는 총소요량을 만족시키는 수량
이상을 완충 목적으로 보유하고자 하는 재고를 말하고, 안전 리드타임
은 제조오더나 구매오더의 발행일 또는 납기일에 불확실성을 완충하
기 위해 여유를 두는 것을 말한다.

③ 페깅Pegging: 부품의 총소요량이 어떤 품목의 수요(판매계획, 고객의 주문
등)에서 발생한 것인지 알 수 있도록 연결해주는 역할을 한다. 페깅은
MRP에서 매우 중요한 역할을 하는데 해당 부품의 각 기간별 총소요량
Gross Requirements이 어느 공정 혹은 상위 어느 품목을 통해 만들어졌는지
를 파악하는 데 도움을 준다.

④ 최하수준코드Low Level Code: BOM 구조에 따른 단계 표현에서 같은 부품
이 BOM에서 하나 또는 여러 곳에 존재할 때 그중 최하위 수준을 말하
는 것으로, 모든 품목은 하나의 최하수준코드를 가지게 된다. 이는
MRP 전개 시 품목의 순 소요량에 대한 반복적인 계산을 방지하기 위
한 것이며 LLC에 도달한 품목만이 순 소요량, 오더계획 등 다음 단계
를 병행 처리할 수 있다.

2 재고관리

2.1 재고의 개념

기업이 제품생산이나 고객수요에 대비해 보유하고 있는 자재나 완제품을 재고라고 한다. 재고는 회계관리 측면에서 제조회사 총자산의 20~50%를 차지할 정도로 매우 중요하다. 생산과 소비 시점이 분리되어 있으므로 계획생산으로 운영되는 기업에서는 재고가 불가피하게 발생할 수밖에 없다. 재고의 가치는 현금흐름과 ROI(투자회수율)를 개선하면서 동시에 재고유지비용으로 운영자금을 증가시키고 이익을 감소시킨다. 재고는 〈표 3-3〉에서와 같이 기능에 따라 순환재고, 안전재고, 예비재고, 운송재고, 헤징재고, 완충재고 등으로 분류할 수 있다. 또한 유형에 따라 생산활동을 위한 원자재RM: Raw Material와 공정재고WIP: Work-In-Process, 생산활동을 유지하는 데 필요하지만 제품의 일부가 되지는 않는 기업 소모성 자재MRO: Maintenance, Repair & Operation, 출고가 가능한 완성된 제품인 완제품FG: Finished Goods으로 나눌 수 있다.

재고관리는 주문시점과 주문량을 결정해 최소 관리비용으로 적정 재고수준을 유지하기 위한 의사결정 과정이라고 할 수 있다. 재고관리의 목적은 원자재 단계부터 고객에게 전달될 때까지의 재고를 계획하고 통제하는 것이다. 재고는 안전재고 역할을 해 품절을 방지하고 생산속도가 서로 다른 두 공정 간의 차이를 완충하지만 고객 서비스 극대화, 제조원가 최소화, 제조 효율성 극대화, 재고 투자비용의 최소화 차원에서 관리가 이루어질 필요가 있다.

종속수요는 상위품의 생산 의사결정에 영향을 받는 제품의 수요이고, 독립수요는 시장수요에 영향을 받는 최종제품의 수요이다. 재고 때문에 발생하는 비용은 크게 발주비, 작업준비비Ordering Cost, Setup Cost, 재고유지비Carrying

표 3-3 기능별 재고 유형

재고 유형	기능
순환재고(Cycle)	로트 사이즈 때문에 필요한 양보다 많이 구매·생산함으로써 발생하는 재고
안전재고(Safety)	수요, 공급의 리드타임 불안정에 대비해 비축하는 재고
예비재고(Anticipation)	계절성, 프로모션, 휴업, 파업 등에 대비해 미리 비축하는 재고
운송재고(Pipeline)	공장에서 유통센터 및 고객에게 제품을 운송하는 시간 때문에 발생하는 재고
헤징재고(Gambling)	노동파업이나 원자재의 급격한 가격상승, 국가 간 분쟁 등 발생할 가능성은 적으나 발생할 경우 큰 피해가 예상되는 상황에 대처하기 위한 재고
완충재고(Decoupling)	선행공정의 불량이나 기계고장 등으로 인한 후공정의 영향을 완충하도록 보유한 재고

Cost, 재고부족비Shortage Cost 등이 있다. 발주비용은 구매업체 소싱, 협상, 검사, 입고, 지불승인, 송장 접수 및 지불에 따른 회계처리 비용 등 일련의 업무활동에 소요되는 비용을 포괄적으로 의미한다. 작업준비비용은 기업에서 직접 생산할 경우 기계와 설비의 셋업 과정에 소요되는 시간과 인력 등과 관련해 일어난다. 재고유지비용은 재고를 보관하는 과정에서 소요되는 비용으로 투자비용, 보관비용, 인건비, 취급비용, 도난 및 부패 비용이 가장 큰 비중을 차지한다. 재고부족비용은 재고부족에 따른 판매기회 손실, 고객사의 조업 중단이나 납기지연에 대한 배상금 등을 포함한다.

재고관리의 대상이 너무 많을 경우 전체를 똑같이 관리하기가 어렵기 때문에 중점관리 방식을 선택하는데 그 중점을 계수적으로 파악하기에 유효한 방법이 ABC 방식이다. 이는 1951년 GE의 H. 포드 디키H. Ford Dickie가 파레토와 로렌츠 곡선을 응용해 제안한 것으로 재고관리 기초 데이터 분석에 빈번히 사용되고 있다. ABC 재고관리는 재고의 품목별 중요도나 연간 총사용액에 따라 A, B, C 등급으로 분류하고 각각 다른 통제방법을 적용한다. ABC 분석은 다음과 같은 절차로 진행된다.

표 3-4 ABC 등급의 분류

등급	주문방법 및 관리정도	전 품목에 대한 비율	총가치에 대한 비율
A	정기발주로 중점관리	10~20 %	70~80%
B	혼합발주로 정상관리	20~40%	15~20%
C	정량발주로 간소관리	40~60%	5~10%

① 품목별 사용금액(단가×사용량)을 산출한다.

② 금액이 큰 품목순으로 기입한다.

③ 품목순으로 순번을 기입하고 누계품목의 백분율을 기입한다.

④ 누계금액의 백분율을 기입한다.

⑤ 품목누계의 백분율을 가로축, 누계사용금액의 백분율을 세로축으로 해 파
레토 곡선을 그린다.

⑥ 분류 기준에 따라 자재를 A, B, C 세 등급으로 분류한다.

등급에 따라 A등급에 대해서는 지속적인 예측치 검토와 평가, 엄격한 정
확성에 입각한 재고수준 점검, 온라인 방식의 재고측정, 재주문수량 및 안전
재고 산출에 대한 빈번한 검토, 리드타임의 감축 혹은 극소화를 위한 보충
확인과 독촉 등에 가장 많은 관심을 기울인다. B등급의 경우는 A등급과 유
사하지만 엄격성과 주기에 있어 더욱 완화된 방식을 취해 일정 수준의 재고
관리를 필요로 한다.

2.2 재고관리 모형

재고시스템에서는 총재고 관련 비용을 최소화하도록 재고품목의 주문시

기와 주문량을 결정해야 한다. 재고시스템은 주문시기와 주문량을 어떻게 결정하느냐에 따라 P시스템과 Q시스템 두 가지로 구분된다. 또한 수요와 조달기간이 확정적이냐 혹은 확률적이냐에 따라 확정적 재고모형과 확률적 재고모형으로도 구분된다.

2.2.1 정기발주모형(P시스템)과 정량발주모형(Q시스템)

정기발주모형은 일정 시점이 되면 정기적으로 적당한 양을 주문하는 방식이다. 보통은 목표 재고수준을 미리 정해놓고 주문 시점의 재고수준과 목표 재고수준과의 차이만큼 주문하므로 수요변화에 따라 주문량은 매번 달라진다. 필요한 주문량을 정기적으로 주문하므로 P시스템 Periodic System 이라고도 하며 계속적으로 재고수준을 검토할 필요가 없어 정기실사시스템 Periodic Review System 이라고 불린다. 금액과 중요도가 높고 수요변동이 심한 A급 품목이 적용된다.

정량발주모형은 실시간으로 재고량의 변화를 관찰하다가 특정한 재주문점 ROP: Reorder Point 에 도달하면 일정 수량을 Q만큼 주문하는 시스템이다. 재주문점에 도달하는 시기는 재고품목에 따라 달라져 주문 간격이 일정하지 않은데, 그럼에도 주문량이 일정하기 때문에 Q Quantity 시스템이라고 한다. 재주문점에 도달하는 시점을 알기 위해 계속적으로 재고수준을 검토해야 하므로 계속실사시스템 Continuous Review System 이라고 불린다. 금액 및 중요도가 높지 않으며 수요변동이 작은 B급 품목, C급 품목에 적용된다.

2.2.2 확정적 재고모형과 확률적 재고모형

수요와 조달기간의 성격이 일정할 경우, 즉 어떤 제품의 연간수요량이 일정할 때 주문량을 결정하는 것은 확정적 재고모형이다. 1915년 포드 W. 해리스Ford W. Harris가 고안한 주문비용과 유지비용의 합이 최소가 되는 EOQEconomic Order Quantity 모형이 대표적이다. 그러나 수요량이 일정하지 않고 각 수요량의 발생확률이 다른 경우도 있는데, 이를 가리켜 확률적 수요라고 한다. 예를 들어 연간수요량이 100개일 확률이 10%, 200개일 확률이 20%, 300개일 확률이 30%라면 이는 확률적 수요로 볼 수 있다.

2.2.3 투 빈 시스템(Two-Bin System)

재고 저장 공간을 좌우로 나누어 한쪽은 안전재고, 다른 한쪽은 재주문점에 해당하는 재고를 쌓아둠으로써 시각적으로 재주문점을 파악하고 재고를 보충하는 시스템이다.

2.3 재고평가지표

재고수준의 적정성을 평가해 재고를 적절하게 유지하기 위해서는 측정 지표가 필요하다. 일반적으로 재고수준의 적정성을 평가하기 위해 사용되는 지표에는 평균 총재고가치, 주문충족비율과 결품률, 재고회전율 등이 있다.

2.3.1 평균 총재고가치

각 재고품목의 수량과 단위가치를 곱해 모두 더한 값으로 계산한다. 평균 총재고가치Average Aggregate Inventory Value 는 기업의 자산이 얼마만큼 재고로 묶여 있는지를 나타내므로 과거의 수준이나 경쟁 업체의 수준과 비교해 재고의 수준이 상대적으로 적정한지를 평가할 수 있다. 적정재고량은 팔 것이라고 예측할 수 있는 과부족이 없는 재고량을 말하는데 두 가지 관점에서 파악하고 검토할 필요가 있다.

하나는 종합적으로 본 적정량 관리Aggregate Inventory Management인데 개별 품목의 특징을 무시하고 그 합계 금액을 파악하는 방법이다. 회사가 보유하고 있는 재고 모두에 대해 판매가격 또는 매입가격의 금액으로 파악하며 전체적인 균형에서 적정액을 검토하게 된다.

또 하나는 개별 품목에 따른 적정량 관리Item Inventory Management인데 개별 품목마다의 계절성 등 각각의 특성을 고려하고 과대 재고나 품절이 생기지 않도록 재고량을 조절한다. 그러나 적정재고액을 구하는 수학적인 방법은 없다. 다만 재고회전율을 바탕으로 다음 절차에 의해 매입예산을 추정해볼 수는 있다.

1단계: 상품 평균재고액(목표 평균재고액)을 산출한다.
2단계: 목표 평균재고액을 기준으로 월별 재고액(월초 재고액)을 산출한다.
3단계: 재고가 자금 조달을 압박할 우려가 있는지 없는지를 검토한다.
4단계: 월별 재고액을 바탕으로 월별 매입예산액을 산출한다.

2.3.2 주문충족비율(Fill Rate)과 결품률(Stockout Ratio)

고객주문에 대해 보관 중인 재고로 즉시 대응이 가능한 비율을 서비스수준 또는 주문충족비율이라고 하고 그렇지 못한 비율을 결품률이라고 한다.

결품률 = 1 - 주문충족비율(서비스 수준)

2.3.3 재고회전율(Inventory Turnover)

한 회사의 이익은 자금 → 원자재 → 제품 → 판매 → 자금 순으로 탄생하는데 이 재고가 일정 기간 동안 사이클을 도는 횟수를 재고회전율이라고 한

표 3-5 업종별 재고자산회전율

구분	2014년 상반기(6월 말 기준)		
	매출액(억 원)	재고자산(억 원)	회전율(회)
통신	258,032	12,962	19.91
상사	330,594	33,872	9.76
생활용품	128,423	35,508	3.62
IT 전기전자	1,885,513	332,999	5.66
식음료	232,286	60,356	3.85
에너지	214,952	11,896	18.07
조선, 기계, 설비	617,750	140,179	4.79
제약	9,197	4,217	2.18
석유화학	1,568,960	353,722	4.44
철강	612,190	216,524	2.83
유통	391,568	66,240	5.91
자동차, 부품	1,162,108	211,497	5.49
서비스	180,749	10,615	17.03
전체	7,646,322	1,490,589	5.13

자료: http://www.ceoscore.co.kr/

다. 출고량 대비 평균재고량으로 계산되는 재고회전율은 재고자산이 현금 및 현금성 자산으로 변화되는 속도를 나타낸다. 재고회전율이 높다는 것은 기업의 금융자산 활용도가 높다는 것을 의미한다. 관행적으로 재고자산회전율은 퍼센트(%)로 표기하지 않고, '몇 회' 전이라고 표기한다. 만약 재고자산회전율이 4회라고 한다면 재고자산이 당좌자산으로 변화하는 기간은 평균 92일(365일 /4회) 정도라고 할 수 있다.

재고회전율은 목적에 따라 다양한 산출방법이 있다.

· 판매가로 산출하는 경우

　재고회전율 = 매출액 / 평균 재고액(판매가)

· 원가로 산출하는 경우

　재고회전율 = 매출원가 / 평균 재고액(원가)

· 수량으로 산출하는 경우

　재고회전율 = 매출수량 / 평균 재고수량

· 매출금액으로 산출하는 경우

　재고회전율 = 매출금액 / 평균 재고금액

· 이익을 포함한 원가로 산출하는 경우

　재고회전율 = 총매출액 / 평균 보유재고액(원가)

　재고회전율이 높을수록 재고자산의 현금화 속도가 빠르기 때문에 자금 유동성을 확보할 수 있다. 또한 재고자산의 손실 및 관리비용을 감소해 불필요한 지출을 막을 수 있어 경쟁 업체에 비해 경쟁력이 높다고 평가받는다.

Chap 04 제조실행 및 통제

1 일정계획과 통제

일정계획(스케줄링)은 제조현장이 원활하게 돌아가도록 납기일정을 수립하고 부품을 공정에 흘릴 시간을 결정하는 것이다. 결국 생산계획을 수행하는 부분으로 작업지시를 발행해 우선순위Sequencing 를 부여하고 라우팅Routing 을 정하는 활동이다. APICSAmerican Production and Inventory Control Society (미국생산재고관리협회)*의 CPIM 지식체계에서는 PACProduction Activity Control (제조실행 및 통제)에 해당하며, 자원조달과 생산능력 점검까지를 포함해 작업지시 실행, 작

---

* 생산, 재고, 공급사슬망, 자재관리, 구매, 로지스틱스 등의 분야에서 집대성된 지식체계를 전 세계에 보급하는 단체이다. 1957년 이래 수많은 세계적인 기업들에 교육 서비스를 제공하고 국제공인자격 인증을 수여했으며, 현장에 필요한 다양한 리소스 제공 및 인적 네트워크 구축을 선도해왔다.

업의 우선순위 수립 및 유지, WIP과 리드타임 감시통제, 실행성과의 추적과 보고 기능을 담당한다. 스케줄링 기법 중 APS는 기존의 MRP 계획의 한계를 극복하기 위해 태동한 것으로 MRP에서 진일보된 계획기능이다. 공급사슬 망Supply Chain 상의 정보를 기초로 자재 소요량 및 자원의 가용능력과 부하를 동시에 감안해 생산계획을 수립하고 작업의 순서를 정한다. 최적화된 알고리즘을 사용하고, 프로그램이 메모리에서 실행되어 빠른 계산이 가능한 솔루션이다. MRP는 기본적으로 무한능력Infinite Capacity 기준이기 때문에 결과가 부정확하며 현실성이 결여되어 작업지시 용도로는 사용하기 곤란하다. 물론 CRP를 통해 MRP의 결과를 검증하기는 하지만 자재와 부하 능력이 불균형하고 장시간(2~3일) 루프가 순환 처리되는 문제점도 안고 있다. 이에 비해 APS는 리소스의 제약사항을 고려해 단시간 내에 결과를 처리한다. 유한능력Finite Capacity 으로 계획을 수립하고 장기 생산계획Planning 과 단기 일정계획 Scheduling 을 수립하는 기능이 기본으로 있다.

일정계획은 수요충족에 필요한 자원을 합리적으로 배분하거나 작업흐름을 조절하고 작업관리의 표준을 제공하며 MRP, 린Lean , TOC 등 적용되는 생산방식에 따라서도 다양한 모습을 보인다.

1.1 MRP 기반 스케줄링

일정계획의 핵심은 자재소요계획MRP 을 만족시켜 주생산계획MPS 을 정확히 준수하고 더 나아가 고객 서비스 목표를 달성하는 것인데 이는 생산능력계획CRP을 통해 검증이 이루어진다. 만약 생산능력이 충분하지 않다면 주문잔고Backlog를 줄이거나 납기를 조정해 실행가능성을 검증한 후 일정계획을 재수립해야 한다. 자재소요계획의 산출물인 작업지시Production Order 나 구매오더Purchase Order는 기본적으로 '무엇을, 언제, 얼마만큼' 생산(구매)하라는 내용이다. 작업지시의 대상이 되는 제품이나 부품은 어떤 순서로 작업을 해야 하는지 라우팅 정보를 가지게 된다. 작업순서가 정해지면 작업의 완급 및 현장의 작업능력과 공정재고 수량을 고려해 '누가, 언제, 무엇을 할 것인가'를 정하는 일정계획Scheduling을 수립하게 된다. 일정표가 완성되면 자재를 불출해 실제로 작업이 시작될 수 있도록 작업배정Dispatching을 하게 되는데 이때 사용되는 서식을 '작업전표'라고 한다. 이어서 생산통제에서는 작업실행상 나타난 계획과의 차이를 계획 수립 기능으로 다시 피드백해 기존의 우선순위를 재평가하고 새로운 우선순위를 제시해준다. 결과적으로 MRP 담당자는 입고예정량의 납기와 수량을 조정해 자재소요계획을 갱신할 수 있게 된다. MRP 기반 스케줄링에는 작업배치도와 간트 차트, 포워드 스케줄링과 백워드 스케줄링, 유한부하와 무한부하Finite & Infinite Loading, 우선순위와 시퀀싱 등의 테크닉이 필요하다.

1.1.1 작업배치도와 간트 차트(Setback Chart and Gantt Chart)

① 제품구조도, 자재명세서BOM : 〈그림 4-1〉은 최종제품 Q의 구조를 보여주는 제품구조도이다. 리드타임 정보는 원래 품목정보Item Master에 들어 있지만 편의상 BOM에 표시했다. 최종제품 Q는 중간제품 R, T, U와 가공품 S, 그리고 구매부품 RM 1, RM 2로 구성되어 있다는 것을 알 수 있다. 따라서 품목 Q, R, S, T, U는 작업지시에 의해 내부에서 생산되고, 부품 RM 1, RM 2는 구매주문의 대상이 되어 외주 또는 구매되는 품목이다. 특히 최종제품 Q는 APS 대상품목이다. 제조 리드타임은 7주(3+3+1)이고 총리드타임은 구매리드타임까지 포함해 9주(2+3+3+1)이다.

그림 4-1 최종제품 Q의 제품구조도

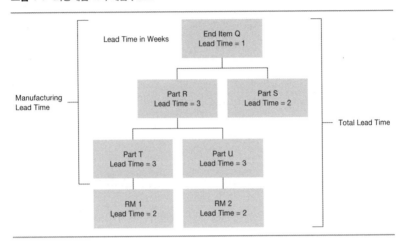

품목정보Item Master에 포함된 리드타임은 실제 작업장Work Center에서 각
각의 작업이 언제 시작되어 언제 끝나는지에 대한 부분을 설명해주지
는 않는다. 이러한 상세정보는 제조실행시스템MES을 통해 알 수 있다.
② 라우팅 데이터Routing Data: 라우팅 정보는 품목 T와 U를 만들기 위해 수
행되어야 할 작업이 무엇이며 그 작업이 어느 작업장에서 수행되고 각
작업장에서 소요되는 리드타임이 얼마나 되는지를 보여준다. 예를 들
어 품목 T는 세 가지 작업을 통해 완성되는데 작업을 수행하는 데 총
15일이 걸린다. 품목 U는 네 가지 작업으로 구성되며 작업을 완성하
는 데 13일이 소요된다. 라우팅 데이터에서 알 수 있듯이 리드타임은
대기시간, 준비시간, 가동시간, 이동시간의 네 가지 요소로 구성된다.

· 대기시간(Queue Time): 작업이 이루어지기까지 기다리는 시간
· 준비시간(Setup Time): 몰드 및 공구를 준비하거나 금형과 재료를 교체

그림 4-2 품목 T, U의 라우팅 데이터

Part T Routing

Operation	Work Center	Queue Time	Setup Time	Run Time	Move Time	Total Time	Rounded Time
1	100	2.6	0.4	2.4	0.4	5.8	6.0
2	101	4.0	0.8	2.1	0.4	7.3	7.0
3	102	0.7	0.2	0.5	0.3	1.7	2.0

Total Lead Time(days) = 15.0

Part U Routing

Operation	Work Center	Queue Time	Setup Time	Run Time	Move Time	Total Time	Rounded Time
1	100	2.6	0.6	2.5	0.3	6.0	6.0
2	105	0.5	0.1	0.2	0.3	1.1	1.0
3	106	1.5	0.2	0.3	0.1	2.1	2.0
4	107	1.5	0.6	1.0	0.8	3.9	4.0

Total Lead Time(days) = 13.0

주: Move Time은 Includes Wait Time을 의미한다.

하는 등 모델 변경에 소용되는 시간

· 가동시간(Run Time): 한 단위를 생산하는 데 소요되는 작업시간×생산 로트 크기

· 이동시간(Move Time): 이동 전 기다리는 시간을 포함해 한 작업장에서 다른 작업장으로 이동하는 데 걸리는 시간

③ 작업배치도: 작업배치Dispatching는 작업장에 도착해 있는 가용한 작업들을 선택하고 순서를 정해 작업자에게 배당하는 것을 말한다. 〈그림 4-3〉은 각 품목의 리드타임에 따라 작업일정을 배치시킨 모습이다. RM 1, RM 2 품목정보Item Master에 들어 있는 리드타임에 의해 계획이

그림 4-3 작업배치도

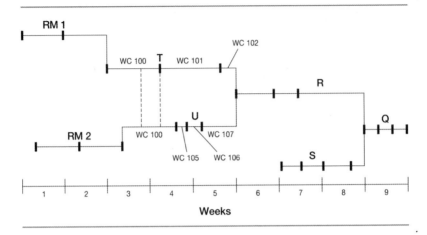

그림 4-4 작업장(WC 100)에서 상세일정수립 대안

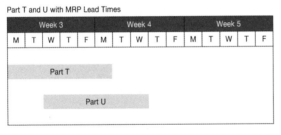

수립되고 이 정보를 가지고 MRP 자재계획을 수립한다.

④ 상세일정수립: 〈그림 4-3〉에 따르면 중간제품 T, U는 모두 같은 작업장(WC 100)을 첫 번째 공정으로 거치게 된다. 따라서 작업장(WC 100)의 상황에 따라 품목 T와 U 간의 일정은 상세수준에서 조정되어야 한다. 〈그림 4-4〉는 품목 T가 작업장 100에서 수행하는 상세일정의 대안을 보여주고 있다.

품목 T의 작업장 100에서의 리드타임은 6일이지만 그중에서 순수 가동시간과 준비시간은 2.8일이다. 그러므로 실제 작업배치는 리드타임 6일 중 적당한 3일(월, 화, 수 또는 수, 목, 금)을 선택할 수 있다. 즉, 6일 안에 다른 작업지시와의 우선순위, 공정의 부하 및 기계 가동률 등을 고려해 어느 시점에 작업하는 것이 좋은지 결정하면 된다.

쉬어가기 제조 관련 Time 정의

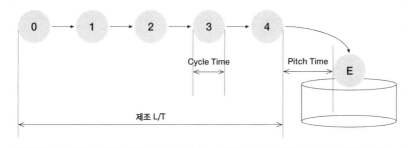

· Cycle Time: 단위 공정별 제품 한 개를 완성하는 데 걸리는 시간(공정별로 Cycle Time은 다르며, 가장 큰 C/T 공정을 애로공정이라 함)
· Takt(Tact) Time: 고객이 요청한 물량을 한 개 완성하는 데 걸리는 시간
· Pitch Time: 최종 공정에서 제품 한 개가 나오는 데 걸리는 시간(일반적으로 실근무시간, 생산량으로 산출되며, 애로공정의 C/T로 결정됨)
· 제조 Lead Time: 처음 공정부터 마지막 공정까지 제품 하나를 완성하는 데 걸리는 시간

1.1.2 포워드 스케줄링과 백워드 스케줄링(Forward or Backward Scheduling)

작업의 시작일과 종료일을 계산하는 데 사용된다. 포워드 스케줄링은 '지금 시작하면 언제 완료될까?'라는 질문에 해답을 제시한다. 주요공정이나 병목공정에 초점을 맞추며 일반적으로 가장 빠른 날짜에 작업을 시작해 고객에게 예상 완료일을 제시한다. 백워드 스케줄링은 '목표일을 맞추기 위해서는 언제 시작해야 할까?'라는 질문에 대한 답을 준다. MRP 오더의 완료 요구일로부터 날짜를 거슬러 올라가 시작일을 계산하는 방법이다. 대부분 백워드 스케줄링으로 일정계획이 수립된다.

1.1.3 유한부하와 무한부하(Finite or Infinite Loading)

무한부하Infinite Loading 계산은 어떤 작업을 수행하는 데 가용능력의 보유 여부를 무시하고 요구기간 내 작업장에 필요한 모든 능력을 합하는 것이다.

그림 4-5 무한부하법과 유한부하법

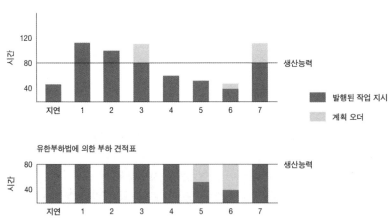

자료: 윌리스 외(2005)를 참고해 재작성.

이와 비교해 유한부하Finite Loading 계산은 작업장이 보유한 능력 내에서 오더를 낸다. MRP는 각 작업장이 무한한 생산능력을 가지고 있는 것처럼 가정해 계획하고 APS는 주어진 생산능력을 고려해 계획을 수립한다. 그러나 생산계획을 세우는 과정에서 무한부하법도 나름의 필요성을 가진다고 볼 수 있다. 이것은 현재 생산능력의 제약사항을 고려하지 않은 상태에서 완수해야 할 작업량을 계산함으로써 얼마만큼의 생산능력이 추가로 필요하고 또 현재 생산능력이 얼마나 가용한지를 알 수 있기 때문이다. 무한부하법은 작업자 수나 기계 수, 작업시간 등의 전통적인 자원에만 머무르지 않고 특수한 작업기술이나 치공구 등까지 확장될 수 있다. 좋은 생산계획이란 제약사항에 대한 고려 없이 생산능력이 얼마나 필요한지를 알아내 병목 가능성이 있는 자원에 대한 합리적인 균형을 찾아내는 것이라고 볼 수 있다.

1.1.4 우선순위와 시퀀싱

시퀀싱Sequencing은 하나의 작업장에서 어느 작업을 먼저 투입할 것인지를 결정하는 일로, 현재의 공정상태, 자재가용성, 품목의 납기 등을 반영해 결정한다. 작업의 우선순위를 결정하는 규칙은 납기이행, 작업의 효율화, 기계 및 작업의 유휴시간 최소화 등 여러 평가기준에 의해 선택될 수 있다(〈표 4-1〉).

예를 들어 다섯 개의 작업(A, B, C, D, E) 정보가 〈표 4-2〉와 같이 주어졌을 때 각각의 작업순서 결정방법에 따른 작업순서 결과는 다음과 같다.

최단작업소요시간법 우선순위: D−A−E−C−B

최소납기일법 우선순위: D−A−C−E−B

최소여유시간법 우선순위: D−C−A−E−B

긴급률규칙 우선순위: E−D−A−B−C

표 4-1 작업순서 규칙

규칙	목적
최소납기일법 (EDD: Earliest Due Date)	납기가 짧은 작업의 순서를 우선한다.
선입선출법 (FIFO: First in First Out)	작업장에 도착한 순서가 빠른 작업의 순서를 우선한다.
최단작업소요시간법 (SPT: Shortest Processing Time)	작업소요시간이 짧은 작업의 순서를 우선한다. 최소의 WIP, 재공 재고, 리드타임, 납기지연을 보장하는 장점이 있으나 최소납기일 법, 최소여유시간법과 함께 적용하지 않을 경우 처리시간이 긴 오 더는 작업이 더 늦어질 가능성이 있다.
최장작업소요시간법 (LPT: Longest Processing Time)	작업소요시간이 긴 작업의 순서를 우선한다.
최소여유시간법 (LSTR: Least Slack Time Remaining)	여유시간이 짧은 작업의 순서를 우선한다. 여유시간은 납기까지의 시간에서 잔여 작업소요시간을 뺀 값으로 정의한다.
긴급률규칙 (Critical Ratio Test)	'잔여 납기 일수, 잔여 생산 리드타임'이 적은 것을 우선한다.

자료: Fogarty, Blackstone and Hoffmann(1991).

표 4-2 작업정보

작업	A	B	C	D	E
작업소요시간(일)	6	12	9	3	8
납기(일)	15	25	17	8	19
여유시간(일)	9	13	8	5	12
긴급률	1.67(15/9)	1.92(25/13)	2.12(17/8)	1.6(8/5)	1.58(19/12)

1.2 린(Lean) 기반 스케줄링

린Lean 기반 방식은 미국 MIT의 국제자동차산업 연구프로그램IMVP: International Motor Vehicle Program에 의해 제시된 개념으로 도요타 방식을 더욱 일반적인 흐름으로 확대 해석한 생산방식이다. MRP 기반 방식은 밀어내기push 생산방식이라고 할 수 있다. 즉, 선행공정의 생산계획에 따라 생산한 부품을 후속공정에 공급하는 방식이다. 그러나 이러한 방식은 공정상의 장애 발생과 수요 변동에 따른 상황 변화에 신속한 대응이 어렵다. 따라서 계획기간 중에 발생하는 변동에 대응하기 위해 각 공정의 생산계획을 수정해야만 한다. 그러나 생산계획을 빈번하게 수정하는 것은 곤란하므로 모든 공정에서 일정량의 재고를 보유하게 된다. 재고를 보유하면 공정별로 재고불균형이 자주 발생하고, 모델 변경이 발생하면 재고나 과잉설비, 과잉인력을 떠맡아야 하는 상황이 발생하게 된다. 이와 달리 린Lean 기반 방식은 후속공정이 선행공정으로부터 필요한 부품을 인수하는 당기기pull 방식이다. 최종 라인에서부터 시작해 각 공정은 선행공정으로부터 필요한 부품을 필요한 시기에 필요한 수량만큼 인수한다. 그러면 선행공정은 후속공정이 인수해간 만큼의 부품을 생산한다. 이것은 생산 단위기간 동안 생산계획을 모든 공정이 따로 가질 필요가 없다는 것을 의미한다. 생산계획이나 일정에 변경이 생기면 최종 조립 라인에만 그 내용을 전달하면 된다. 이러한 생산의 필요 시기와 수량을 알리는 수단이 바로 '간반Kanban'인 것이다. 간반은 도요타 생산방식을 실현하기 위한 도구로 보통 직사각형의 비닐 커버 안에 들어 있는 카드를 의미한다. 간반은 '인수간반'과 '생산지시간반' 두 가지로 구분된다. 인수간반은 후속공정이 선행공정에서 인수해야 할 제품이나 부품의 종류와 수량을 명시하는 것으로 두 공정 간에 순환하며, 생산지시간반은 선행공정이 생산해야 할 제품 및 부품의 종류와 양을 표시하는 것이다. 생산지시간반은 '제조간반'이나 '생산간반'이라고도 한다.

인수간반과 생산지시간반 외에 '외주간반'이 있다. 이것은 부품이나 재료를 공급자(협력업자 혹은 하청업자 등)로부터 인수할 때 사용하며, 공급자에게 부품공급을 요구하는 지시 내용을 담고 있다. 외주간반은 그 성격상 인수간반의 일종이라고 볼 수 있다. 도요타 생산방식은 소로트Lot 생산을 지향하기

그림 4-6 간반시스템 개념도

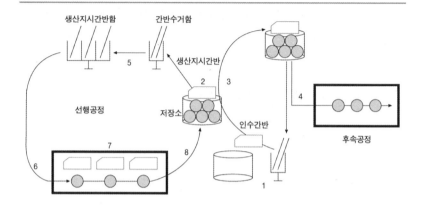

1. 인수간반과 빈 대차를 갖고 선행공정의 저장소로 이동   5. 생산간반을 수거함에 수집
2. 인수간반의 매수만큼 부품상자 인수   6. 생산간반 순서에 따라 부품 생산
3. 생산간반을 떼고 인수간반 부착   7. 부품과 생산간반이 짝을 이루어 이동
4. 인수간반을 떼고 부품 투입   8. 생산간반을 부착해 저장소에 부품 보관

때문에 공급자는 매일 빈번하게 운반·납품하는 것이 요구된다. 이 때문에 간반에 납품 횟수가 정확히 명시되고, 창고가 없어 인수 장소도 명확히 기재된다. 또한 도요타는 TNS-D Toyota Network System-Dealers 라는 정보시스템을 활용해 딜러와 수주·발주 정보, 배차정보, 납기상황 등을 공유하고 소비자의 주문을 생산계획에 최대한 빨리 반영한다. 이를 통해 수주 생산비율을 높여 딜러의 재고 부담을 덜고 있다.

1.3 TOC 기반 스케줄링

그동안 생산부서의 목표는 작업자, 기계, 자재를 관리해 시장수요를 만족시키는 시스템의 총비용을 최소화하는 것이 아닌, 개별 제품의 생산원가를

그림 4-7 행군대열로 비교한 시스템별 버퍼

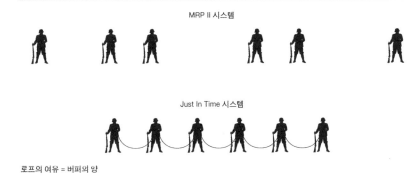

MRP II 시스템

Just In Time 시스템

로프의 여유 = 버퍼의 양

Drum-Buffer-Rope 시스템

주: 병사 간의 간격이 재공품 재고를 나타내지만 MRPII 시스템은 버퍼가 명시적으로 계획되지 않기 때문에 로프로는
　　표현되지 않는다.
자료: 스리칸스·엄블(2005).

최소화하는 것이었다. 제약이론에 기반을 둔 DBR Drum - Buffer - Rope 시스템은
재고와 운영비용을 효율적으로 관리하면서 기업이 돈 버는 속도인 스루풋
Throughput을 최대화하는 것에 기여한다. 프로세스 최적화를 위한 DBR 시스템
은 드럼, 버퍼, 로프라는 핵심 개념을 사용한다.

· 드럼(Drum): 고객의 수요를 시스템 제약에 맞춰 세운 상세한 기준생산일정
　이다. 고객수요와 제약자원을 기준으로 전체 공장의 생산속도와 순서를 결
　정한다.
· 버퍼(Buffer): 불가피한 혼란으로부터 시스템의 스루풋을 보호하기 위해 비
　교적 적은 수의 중요한 장소에 시간 버퍼를 둔다.

· 로프(Rope): 각 자원에서의 생산을 드럼에 연결한다.

종종 DBR 시스템은 대열의 모든 병사가 정해진 거리를 빠짐없이 다 행군하는 행군대열에 비유된다. 목표를 가장 잘 달성할 수 있는 방법은 선두에 있는 첫째 병사와 가장 느린 병사를 로프로 묶어 연결하는 것이다. 이렇게 하면 선두의 병사는 가장 느린 병사의 속도보다 빠르게 행군하지 못한다. 또한 앞사람과 간격이 벌어질 경우 다른 병사들에게 자신의 원래 속도를 내서 따라 잡으라고 지시하면 된다. DBR 시스템은 이 같은 행군대열을 생산 환경에 적용한 것인데 여기서 드럼은 가장 느린 병사의 걷는 속도를 나타낸다. 드럼은 대열 속도를 결정하며 생산 환경에서는 제약자원으로 작용한다.

가장 느린 병사와 그 병사 바로 앞에 있는 병사 사이에는 로프에 어느 정도 여유를 두어 앞 병사에게 문제가 생기더라도 가장 느린 병사가 방해받지 않게 한다. 로프의 여유는 제약을 위한 버퍼의 양과 비례하는데 제약 앞에 완충 역할을 할 자재를 두어 제약으로 하여금 언제나 작업할 자재가 있도록 하는 것과 같다. 로프로 연결한다는 것은 제약이 내는 드럼에 맞추어 자재의 투입을 통제하는 것과 같다. 선두 병사에게 허용된 속도라는 것은 첫 공정에 자재가 투입되어 가공되는 속도와 같은 것이다.

2 품질통제

2.1 품질이란?

전통적인 품질의 개념은 생산자 위주의 정성적인 개념이자 사용의 적합

표 4-3 품질의 발전 과정

시기	미국	일본	한국
1920년대 이전	검사 위주의 품질		
1920년대	통계적 품질관리(SQC) 등장	통계적 품질관리	
1950년대	TQC 제창	통계적 품질관리	
1960년대			검사 위주 QC
1970년대		전사적 품질관리(TQC)	통계적 품질관리
1980년대	TQM 6시그마		TQC
1990년대			ISO

성이나 고객의 요구에 대한 일치성을 의미하는 명시적 요구의 만족이었다. 즉, 제품의 성능을 위주로 한 하드적 품질개념이었던 것이다. 그러나 최근에는 품질의 개념이 고객 중심의 정량적인 개념으로 바뀌었고 명시적인 요구는 물론 묵시적 요구까지 만족시키는 단계로 발전했다.

〈표 4-3〉에 나와 있듯이 품질의 주요 개념은 미국에서 태동했지만 이것이 실제로 현장에 적용되어 경제발전을 이룩한 대표적인 나라는 일본이라고 할 수 있다.

1920년대 벨 연구소의 월터 A. 슈하트Walter A. Shewwahrt에 의해 Go/No의 검사 위주 품질에서 관리도가 고안되었고 해럴드 F. 도지Harold F. Dodge와 해리 G. 로믹Harry G. Romig에 의해 샘플링 검사가 고안됨으로써 통계적 품질관리SQC 시대가 개막되었다. TQC는 GE의 생산 및 품질관리 책임자였던 아르망 V. 파이겐바움Armand V. Feigenbaum에 의해 1956년 제창되었지만 일본에서 더욱 활성화되었다. 일본은 통계적 품질관리SQC를 기반으로 특성요인도, 분임조활동, QFDQuality Function Deployment*, 카노모델**, 다구치 기법*** 등 수많은 품질관리기법을 개발해 괄목할 만한 품질향상을 경험했다. 혹자는 일본의 경제부흥이 1950년 데밍으로부터 전수받은 통계적 품질관리와 한국전쟁 때문이라고도 한다. 미국이 1980년 일본을 극복하기 위해 만든 것이 TQM과 6시그마이지만 TQM은 일본의 TQC를 모방해 미국식으로 바꾸었고, 6시그마의 핵심 개념도 일본인이 만든 다구치 기법의 장점을 활용해 만들었다는 사실은 부인할 수 없다.

쉬어가기　　**역대 품질선구자들의 품질사상**

· W. 에드워즈 데밍(W. Edwards Deming)

　1900년 미국 출생

　1947년 일본 방문 및 통계적 품질관리기법 일본에 전파

　1951년 일본 데밍상 제정

　PDCA 관리 사이클 주창

　데밍 품질경영 철학의 핵심: 기업의 품질문화 조성, 교육훈련, 구체적인 품질관리 실천, 인간 위주의 QC 수행

· 조세프 M. 주란(Joseph M. Juran)

　1951년 처음으로 품질관리 책자를 발간하고 국제적인 품질관리의 대가로 인정받음

　'사용의 적합성(Fitness for Use)'이라는 개념 도입

　주란의 품질 3요소: 품질계획, 품질통제, 품질개선

· 　VOC를 통해 고객의 요구사항을 구체화한 후 이를 체계적으로 도식화해 상품기획, 제품설계, 공정설계, 공정관리에 반영하여 고객을 만족시키는 기법이다.

·· 　고객의 요구품질을 당연품질, 일원품질 및 매력품질로 구분함으로써 제품이나 서비스 개발 시 품질전략 수립을 용이하게 한다.

··· 　사용자이 어떠한 환경에서도 기술개발, 제품 및 공정에 대해 기능이 안정되도록 파라미터의 조건을 최적화하고, 가장 경제적이 되도록 허용차 설계(Tolerance Design)를 하는 것이다.

- 월터 A. 슈하르트(Walter A. Shewhart)

  SQC를 제창한 인물이자 관리도 개발특허 보유자

  데밍에게 많은 영향을 줌

  『제품품질의 경제적 관리(Economic Control of Quality of Manufactured Product)』 저술

- 아르망 V. 파이겐바움(Armand V. Feigenbaum)

  TQC를 제창한 사람이자 Q – COST 개발특허 보유자

  파이겐바움 품질관리 6단계: 작업자에 의한 품질관리, 감독자에 의한 품질관리, 검사에 의한 품질관리, 통계적 품질관리, 종합적 품질관리, 전사 종합적 품질관리

- 다구치 겐이치(田口玄一)

  일본 출생

  다구치 기법 개발특허 보유자, '강건성 품질' 강조

  제품품질과 설계품질을 통합

  다구치 기법으로 설계 시 실험소요 횟수 획기적 감소

  각 제품에 대한 손실함수(Loss Function)를 정의해 사용함

2.2 품질지표(C_{pk}, DPO, σ)를 통한 품질수준 파악

품질수준을 파악하기 위해서는 모집단으로부터 추출한 표본의 평균이나 분산과 같은 통계량을 통해 모집단의 모수를 예측해야 한다. 전수조사 대신에 표본조사를 하는 이유는 첫째, 일반적으로 전수조사는 많은 비용과 시간을 필요로 하고, 둘째, 경우에 따라 전수조사 자체가 불가능한 경우가 있기 때문이다. 예를 들어 TV의 견고함을 검사하기 위해 모든 TV를 10m 높이에서 떨어뜨리는 것은 불가능하다. 세 번째 이유는 전수조사 과정에서 발생하는 비표준오류(자료 조사 및 수집 과정에서 발생하는 오류) 때문에 전수조사가

그림 4-8 표본의 통계량을 바탕으로 한 모집단의 모수 추정

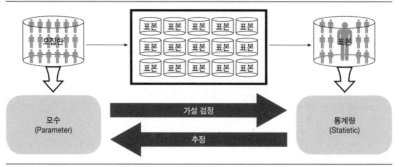

자료: 이훈영(2014).

표본조사보다 오히려 부정확한 결과를 산출할 수 있다는 점이다. 품질이 좋다는 것은 데이터 평균이 규격 중심에 일치하고, 산포를 나타내는 표준편차가 작다는 것을 의미한다.

　품질수준을 파악하기 위해 품질지표를 활용하는데 데이터의 종류에 따라 사용되는 지표가 다르다. 무게나 높이 같은 계량치 데이터는 공정능력지수 C_p, C_{pk}를 사용한다. 불량 개수나 고장 건수 등의 계수치 데이터는 DPO Defects Per Opportunity 와 DPU Defects Per Unit 를 사용한다. 데이터가 계량치이든 계수치이든 구분 없이 모집단의 표준편차인 σ 를 사용해 품질수준을 나타내기도 한다. 또한 연속공정일 경우 수율, 직행률, 불량률을 이용해 품질수준을 나타낸다.

2.2.1 공정능력지수 C_p, C_{pk}

　규격의 범위(T) 대비 분포의 범위(6시그마) 비율을 공정능력지수 C_p(=T/6 σ)로 나타내는데, 분포의 범위로 6시그마를 사용한 것은 정규분포에서는 〈그림 4-9〉처럼 평균을 중심으로 ±3시그마 사이, 즉 6시그마 범위 내에 거

그림 4-9 공정능력지수 C_{pk}

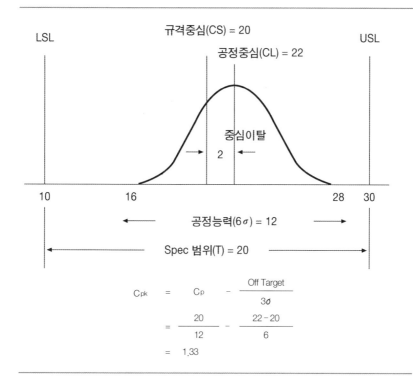

$$C_{pk} = C_p - \frac{Off\ Target}{3\sigma}$$

$$= \frac{20}{12} - \frac{22-20}{6}$$

$$= 1.33$$

의 대부분의 데이터(99.74%)가 포함되기 때문이다.

그러나 C_p는 공정의 산포 문제만을 반영하고, 중심이 이동되는 중심이탈 문제는 반영하지 못하는 단점이 있다. C_{pk}는 공정능력지수 C_p에 치우침 패널티를 가한 것으로, 산포 문제에 중심이탈 문제까지 반영한 실질적인 공정능력지수라고 할 수 있다.

$$C_{pk} = C_p \times 공정\ 중심의\ 치우침\ 패널티$$

$$= C_p - Off\ Target / 3\sigma$$

2.2.2 계수치 데이터의 DPO와 DPU

DPU는 결함을 단위로 나눈 것으로 단위당 결함 수를 나타낸다.

$$DPU = Defects/Unit$$

DPO는 총결함 수Defects를 총기회의 수TOP: Total Opportunity로 나눈 것으로 다음과 같다.

$$DPO = Defects/TOP(Unit \times Opportunity) = DPU/Opportunity$$

예를 들어 한 개의 제품을 완성하기 위해서는 네 군데에 납땜을 해야 하는데 세 개의 제품을 생산한 결과 다섯 개의 불량이 발생했다고 하자. 이때 총 Defects=5, TOP=Unit×Opportunity=3×4=12이므로, DPO=5/12=0.417이고 DPU=DPO×Opportunity이므로 DPU=0.417×4=1.67이 된다.

그림 4-10 DPO, DPU

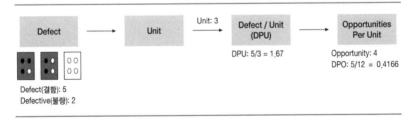

2.2.3 σ값 또는 σ수준

〈그림 4-11〉의 ①은 산포가 매우 커 규격 사이에 σ를 한 개밖에 넣을 수

그림 4-11 σ 값의 이해

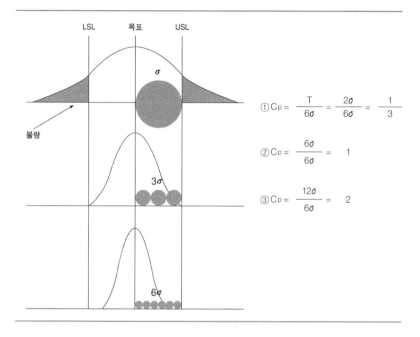

없다. 이후 ②는 품질을 개선해 산포를 줄임으로써 σ를 세 개 넣을 수 있게 된다. C_p 값이 1이 되고 공정의 고유능력인 6시그마와 규격이 일치되어 많은 불량은 발생하지 않는다. 모토로라의 6시그마는 ③과 같이 산포를 획기적으로 줄여 C_p = 2가 되고 중심이탈 문제를 고려해 다음과 같은 결과를 얻게 된다.

$$C_{pk} = C_p - \text{Off Target}/3\,\sigma$$

$$= 2 - 1.5\,\sigma\,/3\,\sigma$$

$$= 1.5(\text{공정의 중심이 최대 } \pm1.5\,\sigma \text{ 움직인다는 가정})$$

C_{pk} = 1.5일 경우 발생되는 불량 수는 3.4PPM으로 백만 개 중 3.4개의

표 4-4 품질수준 비교

시그마 수준	C~pk~	PPM	매출액 대비 품질손실비용
2	0.17	308,537	
3	0.3	66,807	25~40%
4	0.83	6,210	5~25%
5	1.17	233	5~15%
6	1.5	3.4	1% 이하

불량이 발생한다는 것을 의미한다.

2.2.4 연속공정의 품질수준 측정

〈그림 4-12〉와 같이 세 개의 공정으로 구성된 라인에 100개의 제품을 투입한 결과, 각 공정별 폐기와 재작업이 발생했다고 가정할 때 수율, 직행률RTY, 불량률은 다음과 같이 계산할 수 있다.

① 100개 투입되어 최종적으로 열 개가 폐기되고 90개가 생산되었으므로 수율을 다음과 같다.

$$수율(Yield) = Output/Input \times 100 = 90/100 \times 100 = 90(\%)$$

② 직행률RTY: Rolled Throughput Yield은 일련의 공정에서 불량이나 재작업 없이 양품만 생산되는 비율로 각 공정의 양품률을 전부 곱해서 계산한다.

$$직행률(RTY) = 1공정 양품률 \times 2공정 양품률 \times 3공정 양품률$$
$$= 95/100 \times 88/98 \times 90/95 ≒ 0.81$$

그림 4-12 세 공정으로 구성된 라인

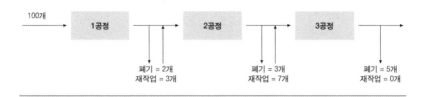

③ 불량률은 RTY를 이용해 계산한다.

$$불량률 = 1 - RTY = 1 - 0.81 = 0.19$$

조건별 불량률을 비교할 때는, 즉 불량 개선 여부를 판단하기 위해서는 추론의 리스크를 제거하기 위하여 신뢰구간과 p-value(가설검정)를 필수적으로 표기해야 한다. 명목상의 ppm만으로는 개선된 방법인 것처럼 보일지라도 신뢰구간이나 p-value에 따라서 유의차가 없는 것으로 판정될 수가 있다.

※ p-value: 두 집단의 불량률이 같을 때 표본처럼 간주될 확률, 즉 이 값이 작으면 두 집단의 불량률이 같을 가능성이 낮음(불량률 비교의 경우 Fisher's Exact Test로 검정 권장).

2.3 품질경영체계

품질문제를 발생시키는 원인에는 원재료의 산포, 작업자 간 능력 차이 또는 서비스 간의 성능 차이 등 어쩔 수 없는 정상적인 변동과 설비의 고장, 이

그림 4-13 품질경영체계 구축

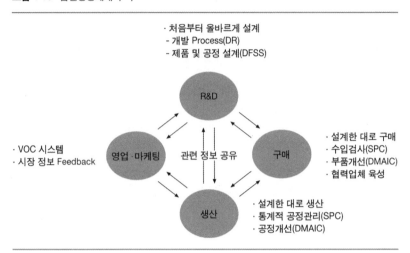

· 처음부터 올바르게 설계
- 개발 Process(DR)
- 제품 및 공정 설계(DFSS)

R&D

· VOC 시스템
· 시장 정보 Feedback

영업·마케팅   관련 정보 공유   구매

· 설계한 대로 구매
· 수입검사(SPC)
· 부품개선(DMAIC)
· 협력업체 육성

생산

· 설계한 대로 생산
· 통계적 공정관리(SPC)
· 공정개선(DMAIC)

자료: 양인모(2013).

형 자재의 투입, 작업 실수 등 대부분 관리상의 문제로 귀결되는 비정상적인 변동이 있다. 비정상적인 불안정 문제는 관리상의 문제로, 생산 또는 구매 부서의 책임하에 SPC(통계적 공정관리)를 통해 개선할 수 있다. 또한 공정이 관리상태임에도 중심이탈 및 산포 문제가 존재하기도 하는데, 이는 기술상의 문제이므로 R&D 책임하에 6시그마 등을 통해 공정능력을 확보해야 한다. 일반적으로 품질을 효과적으로 개선하기 위해서는 SPC를 바탕으로 공정을 해석해 책임 소재를 구분하고 공정을 안정화한 다음 6시그마 등을 통해 공정의 중심을 이동하거나 산포를 줄임으로써 해결할 수 있다. 공정안정화는 대부분 분임조를 중심으로 추진하고 공정개선은 엔지니어와 관리자를 중심으로 추진하는 경우가 많다.

품질은 어느 한 부문만으로 되는 것이 아니라 〈그림 4-13〉처럼 R&D, 영업·마케팅, 생산, 구매 등 기능 간 유기적인 연관 관계를 통해 만들어진다.

R&D는 제품의 품질을 처음부터 올바로 설계하기 위해 개발 프로세스인 DR을 운영하고 산포를 통한 예측 생산을 위한 DFSS를 추진해야 한다. 영업·마케팅은 R&D에서 올바른 설계를 할 수 있도록 고객의 VOC를 전달해야 한다. 또한 고객에게 제품이나 서비스가 전달된 후에도 시장품질, 고객만족도 및 고객 클레임 처리 등의 정보를 관련 부서와 공유해야 한다. 생산에서는 설계한 대로 작업을 하고 SPC를 통해 공정을 해석하며, 공정에 불안정 요소가 있을 때는 공정을 안정화해 관리상태로 유지해야 한다. 공정이 관리상태인 데도 중심이탈이나 산포 문제가 있을 때는 R&D와 함께 공정개선을 실시해야 한다. 구매의 경우도 설계한 대로 구매하고 수입검사를 통해 원자재의 품질을 안정화한다. 만일 원자재의 품질이 안정화되었음에도 중심이탈이나 산포 문제가 있을 경우에는 R&D에 통보한 후 부품에 대한 개선작업을 해야 한다. 그러나 많은 기업의 경우 R&D의 DR, 구매의 수입검사, 생산의 SPC, 영업·마케팅의 VOC 등 관리체계의 미흡 때문에 각 기능들이 단절된 채로 운영되고 있다.

품질경쟁력을 확보하기 위해서는 SPC를 제대로 구축하는 일이 무엇보다 중요하다. SPC를 통해 통계적인 공정관리를 함으로써 설계한 그대로 제품을 생산하고 원자재를 구매할 수 있다. 이렇듯 SPC가 품질관리의 기본이며 품질경영의 핵심임에도 SPC를 올바르게 활용하고 있는 곳은 드물다. 계측기나 데이터의 신뢰성뿐만 아니라 작업표준도 제대로 관리되지 않고 SPC 시스템에 대한 충분한 교육도 부족해 개선활동에 한계가 있다.

SPC를 올바로 추진하기 위해서는 고객의 요구와 관련된 중요 Output(Y) 특성에 영향을 주는 중요 요인(X)을 파악하는 것이 필요하다. 〈그림 4-14〉에서와 같이 중요 요인은 XY 매트릭스와 고장원인 분석 C&E 을 거쳐 파악된 요인을 대상으로 FMEA 분석을 통해 선정될 수 있다.

그림 4-14 SPC 추진 사이클

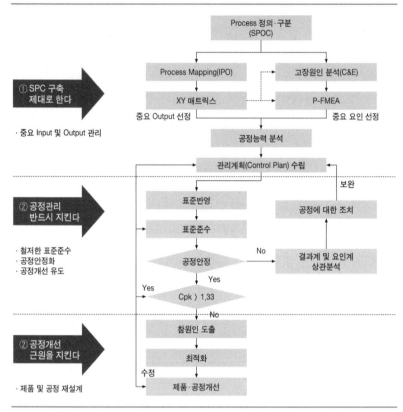

자료: 양인모(2013).

이것으로부터 선정된 Output과 중요 요인은 공정능력 분석을 거쳐 평가
된 후 관리계획서(QC공정도)를 통해 지속적으로 관리되어야 한다. 관리도와
공정능력 조사로 공정을 해석하는 것이 SPC의 가장 기본이며 중요한 활동
이다. 공정해석을 바탕으로 공정이 안정된 상태인지, 공정능력이 충분한지
여부를 파악할 수 있다. 공정을 효과적으로 안정화하기 위해서는 수입검사
로 납품품질과 공정조건을 일정하게 유지시켜 공정의 이상 원인을 제거해

순번	스텝	기법	히스토그램	특성요인도	파레토도	체크시트	산점도	층별	그래프
1	테마의 선정		○	○	●	○			○
2	현상 파악과 목표 설정	현상을 파악한다.	○	●	●	○		○	●
		목표를 설정한다.	○		○			○	●
3	활동계획의 작성								●
4	요인의 해석	요인과 특성의 관계를 조사한다.		●			○	○	
		과거의 상황이나 현장을 조사한다.	●		○	○		○	●
		층별해서 본다.	●	○	○	○	●	○	○
		시간적 변화를 본다.						○	○
		상호관계를 본다.		○			●	○	○
5	대책의 검토와 실시			●					○
6	효과의 확인		●		○	○		○	○
7	표준화와 관리의 정착		○			●		○	●

주: ○: 유효한 것, ●: 특히 유효한 것

· QC 7가지 TOOL: 히스토그램, 특성요인도, 파레토도, 체크시트, 산점도, 층별, 관리도
· 신QC 7가지 TOOL: 관련도, 친화도(KJ법), 계통도, 매트릭스도, 매트릭스 데이터 해석, PDPC(과정 결정 계획도법), 화살 다이어그램

공정을 정상상태, 즉 표준상태로 복귀시켜야 한다. 만일 공정이 안정화된 후에도 특성치의 공정능력이 충분하지 않을 경우 R&D를 포함한 관련 부서가 함께 제품이나 공정조건을 재설정해야 한다. 이를 통해 중심이탈이나 산포의 문제를 해결함으로써 공정능력을 향상시킬 수 있다.

3 제조원가

3.1 제조원가 기초

최근에는 비즈니스 환경이 빠른 속도로 변화하고, 사업영역이 단품 중심에서 융복합화·서비스 중심으로 확대되고 있어 상품 유형과 고객 특성에 맞는 신속한 원가정보의 필요성이 강조된다.

원가는 제품(용역)의 생산에 투입된 경제적 가치를 화폐액으로 측정한 것이다. 제품(용역)의 생산 및 가치 증대는 원재료 매입, 생산 및 가공, 판매, 재고관리 등 경영활동 전반에 걸쳐 발생한다. 원가회계Cost Accounting 는 제품(용역)에 투입된 경제적 가치를 화폐가치로 인식해 제조원가 명세서를 작성하는 회계절차이다. 회계는 회계정보 이용자들이 요구하는 정보의 성격에 따라 재무회계와 원가회계 및 관리회계로 분류된다. 재무회계의 목적은 외부 이용자를 대상으로 한 재무제표 작성이고, 관리회계는 내부 이용자를 대상으로 의사결정과 성과평가를 하는 것이 목적이다. 원가회계는 내부 이용자를 대상으로 제품원가 계산과 계획 및 통제를 목적으로 하며, 재무회계와 관리회계에 필요한 원가정보를 제공한다.

원가는 발생 형태에 따라 재료비, 노무비, 경비로 분류되는데 이를 원가의 3요소라고 한다. 제조간접원가는 제조와 생산 과정에서 발생하기는 하지만 특정 제품 혹은 특정 부문에 직접 대응할 수 없는 원가로 간접재료원가, 간접노무원가, 간접경비 등이 있다. 판매비와 관리비는 제품의 제조활동과 관계없이 발생하는 원가로 기간원가라고도 하며, 이 중 판매비는 제품을 고객에게 인도하는 활동과 관련된 비용으로 시장조사비, 광고선전비, 판매수수료, 판매원 급여 등이 있다. 관리비는 기업조직의 유지 및 관리 등에 지출

그림 4-15 원가 구성도

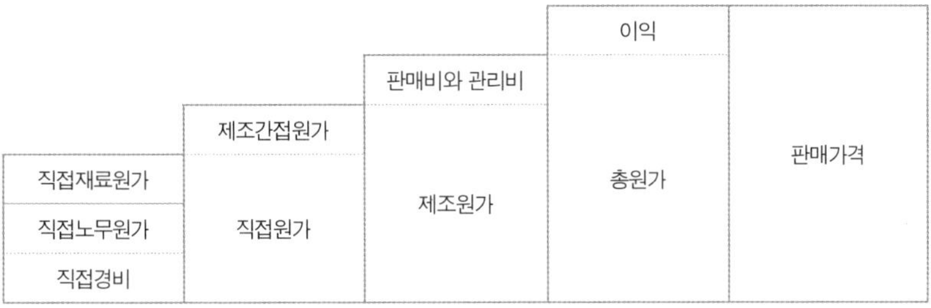

			이익	판매가격
		판매비와 관리비	총원가	
	제조간접원가	제조원가		
직접재료원가	직접원가			
직접노무원가				
직접경비				

계산식

① 직접원가=직접재료원가+직접노무원가+직접경비

② 제조원가=직접원가+제조간섭원가

③ 총원가=제조원가+판매비와 관리비

④ 판매가격=총원가+이익

된 비용으로 임원급여, 사무직급여, 본사 통신비, 수도광열비, 건물 감가상 각비 등이 있다.

3.2 제조기업의 원가흐름과 집계

제조기업은 여러 제조공정을 거쳐 제품을 완성한다. 이러한 과정에서 제 조기업은 원재료·재공품·제품 등의 재고자산 계정을 지니게 된다. 기업이 제품을 생산하기 위해서는 원재료를 창고에서 출고해 제조공정에 투입하며, 제조공정에서는 원재료에 노동을 투입해 가공작업을 한다. 이러한 과정에서 발생하는 직접재료비, 직접노무비, 제조간접비의 제조원가는 일단 미완성된 제품의 원가를 나타내는 재공품 계정에 기록하고, 제품이 완성되면 완성품의 제조원가를 재공품 계정에서 제품 계정으로 대체한다. 그리고 마지막 단계에

그림 4-16 제조원가의 흐름

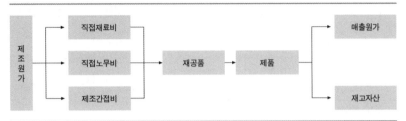

자료: 양성희(2006).

그림 4-17 제조원가 명세서, 매출원가 명세서, 손익계산서 연계

제조원가 명세서	매출원가 명세서	손익계산서
(단위: 원)	(단위: 원)	(단위: 원)

과목	당기	전기
Ⅰ. 직접재료비		
1. 기초재료 재고액		
2. 당기재료 매입액		
3. 기말재료 재고액		
Ⅱ. 직접노무비		
⋮		
Ⅲ. 제조경비		
1. 간접재료비		
2. 간접노무비		
3. 감가상각비		
4. 수선비		
5. 수도광열비		
⋮		
Ⅳ. 당기총제초원가		
(+) Ⅴ. 기초재공품 재고액		
Ⅵ. 합계(총원가)		
(-) 기말재공품 재고액		
Ⅶ. 당기제품 제조원가		

과목	금액		
	국내 매출원가	수출 원가	합계
Ⅰ. 기초제품 재고액			
(+) Ⅱ. 당기제품 제조원가			
Ⅲ. 판매가능 제품가액			
(-) Ⅳ. 기말제품 재고액			
Ⅴ. 매출원가			

계정과목	금액	계정과목	금액
Ⅰ. 매출액		⋮	
⋮			
Ⅱ. 매출원가		⋮	
⋮			
Ⅲ. 매출 총이익		⋮	
⋮			
Ⅳ. 판매비와 관리비		Ⅶ. 경상 이익	
⋮			
Ⅴ. 영업이익		⋮	
		⋮	
		⋮	

자료: 주순제(2005).

서 고객에게 판매한 원가를 제품 계정에서 매출원가 계정으로 대체한다.

제조원가 명세서는 일정한 원가계산 기간 동안에 발생한 원가를 재료비, 노무비, 제조경비 등 원가요소별로 명세를 나타낸 것으로, 완성된 제품의 전체적인 원가금액 내역을 보여주기 위해 작성된다. 매출원가는 기업의 손익계산에 큰 비중을 차지하고 있으며, 그중에서도 당기제품 제조원가의 중요성이 높아 제조원가 명세서를 재무제표의 부속명세서로 작성해 공시하도록 규정하고 있다. 제조실행시스템MES에서 관리하는 공정체계가 BOM Level(SAP의 경우 P/O, Production Version)에 연동이 되어 있으면 공정별 제조원가 산출도 가능하다.

3.3 원가배분

원가배분은 일정한 배부기준에 따라 공통비를 각 원가대상에 대응시키는 과정에서 임의성이 개입되기 때문에 논란과 비판의 대상이 되고 있다. 하지만 대차대조표상 재고자산을 평가하고 손익계산서상 매출원가를 적정하게 측정하기 위해 원가배분이 필요하다. 또한 특정 부분과 관련된 원가통제와 적절한 성과평가를 위해 사용되기도 하고, 원가배분의 결과치가 경영자와 종업원의 행동에 영향을 미치기 때문에 조직의 동기부여 목적으로도 활용된다. 또한 제품의 가격을 결정하기 위해서도 원가배분이 필요하다.

3.3.1 부문공통비의 배분

공장 전체에서 발생하는 원가로서 특정 부문에 직접적인 추적이 불가능하므로 인위적인 배부기준에 따라 원가를 각 부문에 배부한다.

예를 들어 건물 감가상각비는 건물의 점유면적이나 건물가액을 배부기준

그림 4-18 원가배분 유형

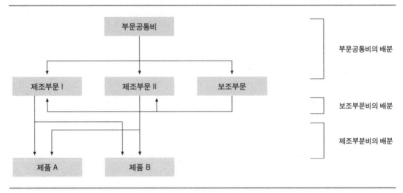

자료: 양성희(2006).

으로 하며, 기계장치의 감가상각비와 보험료는 기계장치의 가액, 전력비는
각 부문의 '기계마력수 × 기계시간'을 배부기준으로 한다.

3.3.2 보조부문비의 배분

기업의 제조활동에 간접적으로 기여하는 부문을 보조부문이라고 하고,
보조부문의 용역을 제공받아 직접 제조활동을 수행하는 부문을 제조부문이
라고 한다. 보조부문은 제조부문에만 용역을 제공하는 것이 아니라 다른 보
조부문에 용역을 제공하기도 하고, 용역의 일부를 스스로 사용하기도 한다.
또한 보조부문은 제품의 제조원가를 구성하므로 직접배분법, 단계배분법,
상호배분법 등 다양한 방법을 통해 보조부문비를 제조부문에 적절히 배분해
야 한다.

3.3.3 제조간접비 배분

직접재료비나 직접노무비는 원가를 배분하는 문제가 발생하지 않으나 감

독자의 급료, 재산세, 감가상각비 등과 같은 제조간접비는 제품과 직접적인 관련성을 찾기가 어렵기 때문에 일정한 배부절차(공장 전체 제조간접비 배부율, 부문별 제조간접비 배부율)가 필요하다.

3.3.4 원가계산의 종류

원가회계시스템은 원가의 집계방법, 측정방법, 계산방법에 따라 〈그림 4-19〉와 같이 구분할 수 있다.

① 개별원가계산과 종합원가계산

개별원가계산은 선박, 항공기, 건물 등과 같이 특정 작업지시서를 발행해 개별 작업마다 원가를 구분하여 계산하는 방법이다. 주문생산 및 소량생산 형태에 적합하다. 종합원가계산은 정유업, 화학업, 제지업, 식품업과 같이 일정한 원가계산 기간에 공정별 또는 부문별로 원가를 계산하는 방법이다. 주로 대량생산 형태에 적합한 원가계산시스템이다.

② 실제원가계산과 정상원가계산, 표준원가계산

실제원가계산은 사후원가계산으로 제품을 생산한 뒤 실제로 발생한 원가를 집계하는 원가시스템이다. 정상원가계산은 직접원가(직접재료원가, 직접노무원가)의 경우 실제원가로 계산하고, 제조간접원가는 예정원가로 계산하는 방법으로, 불완전한 사전원가시스템이다. 표준원가계산은 제품생산 이전에 생산의 효율성을 예상해 표준원가를 설정한 후 실제원가를 합리적으로 통제하는 사전원가계산 방식이다. 많은 기업들은 표준원가 기반의 실제원가를 사용하고 있다.

③ 전부원가계산과 변동원가계산

전부원가계산은 재무회계에서 인정하는 전통적 원가계산 방법으로 제

그림 4-19 원가계산의 종류

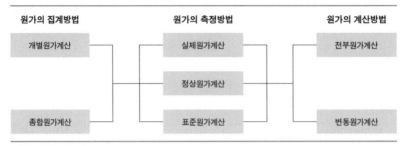

자료: 정재권 외(2015).

품생산을 통해 발생하는 모든 원가를 인식하고 측정하는 원가시스템
이다. 재고자산의 평가와 제조원가를 정확하게 산출해 기간손익의 계
산 및 재무회계에 원가정보를 제공하는 것이 주된 목적이다.

변동원가계산은 관리회계 측면에서 유용한 회계정보이다. 변동제조원
가(직접재료원가, 직접노무원가, 변동제조 간접원가 등)만을 제품원가Product
Cost로 인식하고, 고정제조 간접원가는 기간비용Period Costs으로 인식한
다. 고정제조 간접원가는 원가성을 인정하지 않으므로 판매비·관리비
와 마찬가지로 발생 즉시 비용으로 인식한다. 생산량 또는 판매량의
변화가 이익에 미치는 영향을 분석할 때나 원가구조의 변화가 판매량
혹은 이익에 미치는 영향을 분석할 때 유용하다.

스마트팩토리, CMMS/EAM에 말을 걸다

1부 스마트팩토리를 위한 업종 지식

Chap 01 제조란 무엇인가?
Chap 02 기업의 자원계획모델
Chap 03 자재수급과 재고관리
Chap 04 제조실행 및 통제

2부 스마트팩토리, CMMS/EAM에 말을 걸다

Chap 05 제조의 기본, TPM과 3정5S
Chap 06 설비자산 운용 최적화를 위한 CMMS/EAM

3부 스마트팩토리, 제조 IT 솔루션에 길을 묻다

Chap 07 스마트매뉴팩처링의 핵심, MES
Chap 08 PLM이 이끄는 스마트매뉴팩처링
Chap 09 핵심 경영 인프라이며 혁신의 도구, ERP
Chap 10 물류를 관리하는 핵심 프로세스, SCM

4부 스마트팩토리, 미래 제조업 청사진

Chap 11 제조업 르네상스
Chap 12 스마트팩토리 핵심 인프라
Chap 13 스마트팩토리 표준화 동향

Chap 05 제조의 기본, TPM과 3정5S

1 TPM의 배경과 기본 사고

TPMTotal Productive Maintenance 은 생산시스템의 효율을 극대화하기 위한 전사적 설비보전 활동으로 최고경영자부터 현장의 일선작업자까지 참여하는 경영혁신운동이다. 설비관리의 모든 것을 포함하고 있지 않다는 단점에도 불구하고, 설비종합효율 향상을 통한 생산성 향상을 전사적인 관점으로 이슈화하고 실제 제조현장에서 보전효율을 향상시킬 수 있다는 점 덕분에 아직까지도 그 중요성을 인정받고 있다. TPM은 1951년부터 태동한 미국식 예방보전PM 사고 및 방법론을 기반으로 하고 있는데, 1971년에는 JIPE[JIPM Japan Institute of Plant Maintenance(일본설비관리협회)의 전신] 에서 더욱 정비된 TPM 체계를 바탕으로 '생산보전Plant Maintenance 우수 사업장상'을 수상해 활성화가 시작되었다. 또한 도요타의 부품회사인 니폰덴소가 PM상을 수상함으로써 TPM 모

표 5-1 품질분임조 활동과 TPM 소집단 비교

구분	품질분임조	TPM의 소집단
조직 형태	정규조직과 관계없는 공식 수평적	정규조직과 관계있는 공식 혼합적 수직
개념	QC를 위한 조직	학습조직, 문제 해결
목적	현장의 문제점 개선	낭비요소 발견 및 개선
팀장	분임원 가운데서 호선	현장의 책임자

자료: 나승훈 외(2015).

델이 처음으로 제시되기도 했다.

초기에는 현장의 작업자와 설비보전 관리자의 사고전환 필요성 때문에 설비효율을 높이고자 생산부문에서 TPM을 시작했다. 현재는 생산시스템 라이프사이클 전체를 대상으로 고장제로, 불량제로, 재해제로화를 목표로 해 개발, 영업, 관리 등 전 부문에 걸쳐 모든 로스를 미연에 방지하는 체계를 전사적으로 확대·적용하고 있다.

전사적 TPM의 정의는 다음과 같다(https://www.jipm.or.jp/en).

· 생산시스템 효율화를 추구하는 기업 체질 구축을 목표로 사람의 생각이나 사고방식을 개선
· 생산시스템의 생명주기 전체를 대상으로 재해, 불량, 고장 등을 없애 모든 낭비요소를 사전에 방지하는 체제를 구축하는 예방철학
· 생산부문을 기초로 사무·관리 간접부문(개발, 영업, 관리) 활동을 포함
· 최고경영자에서 현장 실무작업자에 이르기까지 전원 참가를 통한 상승효과가 목표
· 중복 소집단 활동을 통해 낭비요소를 완전히 배제

그림 5-1 TPM의 기본 사고

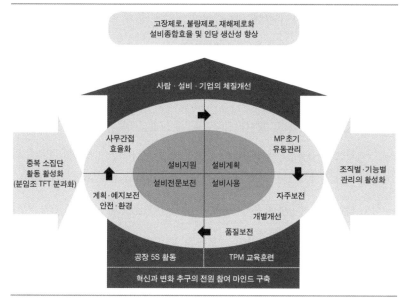

자료: 한국표준협회(2015).

TQC가 QC 기법 등을 활용한 아웃풋 중심의 품질이 관리대상인 반면 TPM
은 설비기술, 보전기능 등의 고유기술을 활용해 인풋 중심의 설비를 관리대
상으로 한다.

TPM의 주요 내용으로 개별개선, 계획·예지 보전, 자주보전, 교육·훈련,
MP·초기유동관리Early Warning System, 안전환경보전, 품질보전, 사무간접부문의
효율화 등을 들 수 있다.

① 개별개선: 현장 불합리 및 생산효율화를 저해하는 각종 로스를 제거하
   기 위한 소개선 및 테마 활동
② 계획·예지 보전: 보전부문을 중심으로 한 활동. 계획보전체계를 구축

하기 위한 활동

③ 자주보전: 설비 오퍼레이터 자신이 정한 기준에 따라 설비의 유지·관리를 실시할 수 있는 체제의 구축활동

④ 교육·훈련: TPM 활동을 실시하기 위해 필요한 지식, 기능, 태도를 습득하기 위한 활동

⑤ MP·초기유동관리: 생산기술부문을 중심으로 한 활동. 제품설계에 요구되는 품질 특성을 100% 달성하는 설비투자비용과 운전유지비용의 최소화 설계. 설비 도입 시기에 초기 트러블의 발생을 방지하는 활동

⑥ 안전환경보전: 안전 위해 요소의 박멸과 환경오염 유발 요소의 박멸 및 안전환경 시스템의 구축

⑦ 품질보전: 만성불량 Zero를 지향해 불량을 만들지 않는 조건설정 및 조건관리를 하는 활동

⑧ 사무간접부문의 효율화: 관리·사무·지원 부문의 사무효율화 개선과 사무환경 개선을 추진하는 활동 실시

미국식 예방보전PM이 설비관리의 범위를 보전엔지니어의 활동으로만 파악한 반면, TPM에서는 생산체제에 대한 설비의 역할을 강조하고 설비가 생산체제의 효율화에 미치는 영향을 정량화했다. 〈표 5-2〉는 이러한 보전방식의 특징을 보여준다. 다음 활동은 TPM의 5대 기둥이라고 할 수 있다.

· 설비효율화를 위한 개별개선 활동: 가공·조립 산업의 6대 로스와 장치 산업의 8대 로스 관리

· 작업자의 자주보전 체제 구축

· 설비엔지니어(보전부문)의 계획보전 체제 구축

표 5-2 보전방식의 형태에 따른 특징

	보전작업 유형	보전활동 방법
유지 활동	사후보전 (BM: Breakdown Maintenance)	고장 난 후에 수리하는 보전활동 방법
	예방보전 (PM: Preventive Maintenance)	정기적인 점검과 수리로 고장을 미연에 방지해 설비의 수명을 연장하는 등 보전활동을 하는 정기보전(TBM)
	예지보전 (PdM: Predictive Maintenance)	설비의 상태에 따라 보전활동을 하는 상태보전(CBM)
개선 활동	계량보전 (CM: Corrective Maintenance)	설비의 체질을 개선해 처음부터 고장이 잘 일어나지 않도록 하거나 보전 및 수리가 쉽도록 하는 방법
	보전예방 (MP: Maintenance Prevention)	설비의 신뢰성과 보전성을 높여 처음부터 보전이 필요하지 않도록 설계하는 방법
	종합생산보전 (TPM: Total Productive Maintenance)	최고의 설비효율을 목표로 해 전체 설비의 라이프사이클을 대상으로 한 생산보전의 토털 시스템을 확립하는 방법. 설비의 도입부터 사용·보전에 걸쳐 최고 관리자부터 현장 엔지니어에 이르기까지 전원이 참여하는 자주보전 활동으로, 생산보전을 추진하는 보전활동 방법

· 운전과 보전의 스킬업을 위한 교육·훈련
· MP(Maintenance Prevention) 설계와 초기 유동관리 체제의 확립

  자주보전이란 제조부문의 작업자 한 사람 한 사람이 '자신의 설비는 자신이 지킨다'는 사명을 가지고 설비에 대한 일상점검, 급유, 부품교환, 수리, 설비이상의 조기 발견, 정도의 체크 등을 행하는 보전활동이다. 그 전까지는 제품을 만드는 사람과 설비를 담당하는 사람은 별개라는 생각으로 작업자는 작업, 검사자는 검사만 하고 설비의 급유나 정비 등은 보전담당에게 맡기는 것을 당연하게 생각하는 경우가 많았다. 그러나 작업자는 설비의 이상 상태나 이상 징후를 가장 먼저 파악할 수 있기 때문에 작업자로부터 이상 정보를 전달받는 것이 고장을 방지하는 가장 좋은 방법이다. 따라서 설비효율의 핵심은 자주보전의 필요성이라고 할 수 있다. 자주보전 활동을 위해서는 작업

자가 단순한 설비운전자를 넘어서 종래 설비보전자의 역할까지 수행을 해야 한다. 이를 위해서는 설비의 이상을 발견할 수 있는 능력과 빠른 시간에 조치·회복시킬 수 있는 능력 및 설비를 유지·관리할 수 있는 능력이 요구된다. TPM은 운전자의 보전기능화 등 기존 조직의 역할 변화와 짧지 않은 시간 소요, 형식적인 활동 수행 등으로 최근에는 그 의의가 반감되기도 했지만 설비뿐만 아니라 생산공정의 손실과 낭비 제거 측면에서 봤을 때 여전히 유효한 기법 중 하나이다.

2 설비효율화를 저해하는 로스

설비종합효율은 설비 전체의 손실을 계산해 설비의 가동상태가 얼마만큼 유효하게 사용되고 있는지를 판단하는 지표이다. 설비효율화를 위한 개별 개선 활동은 로스 관리를 통해 이루어지는데, 가공·조립 산업에는 고장 로스, 준비작업 로스, 순간정지 로스, 속도차 로스, 공정불량 로스, 초기수율저하 로스 등 6대 로스가 있다.

① 고장 로스: 설비가 규정된 기능을 상실하는 것을 고장이라 하며 고장 모드Failure Mode 나 고장 메커니즘Failure Mechanism 과 구별된다. 고장 모드는 고장상태의 형태에 따른 분류방식으로 단선, 열화, 파괴 등이 있으며, 고장 메커니즘은 고장을 일으키는 구조로서 물리적·화학적·전기적·기계적 요인에 의한 마모나 부식 등이 해당된다.
② 준비작업 로스: 교환도, 조정도 아닌 것은 모두 준비작업이라고 한다. 교환은 금형, 지그, 절삭공구 등을 기계로부터 분리하거나 세팅하는

그림 5-2 가공·조립 산업 6대 로스와 설비종합효율

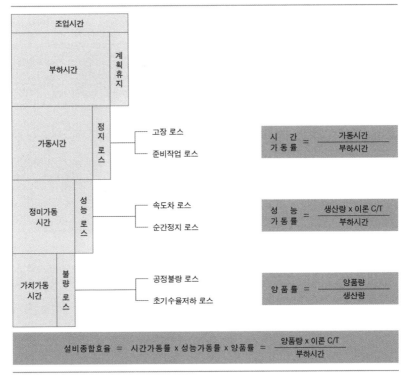

자료: 최진욱 외(2010).

작업을 뜻하며, 조정은 위치결정, 시험가공, 검사, 측정, 수정 등의 작
업을 의미한다.

③ 순간정지 로스: 부품의 교환, 수리는 일어나지 않고 기능 부품의 제거
나 간단한 S/W 리셋으로 보통 5분 이내에 회복되는 작업이다.

④ 속도차 로스: 설계 당시의 이론 사이클 타임과 실제 사이클 타임의 차
이에 의한 로스이다.

⑤ 공정불량 로스: 폐기에 의한 수량 로스나 양품으로 수리하기까지 걸리

그림 5-3 장치 산업 8대 로스와 설비종합효율

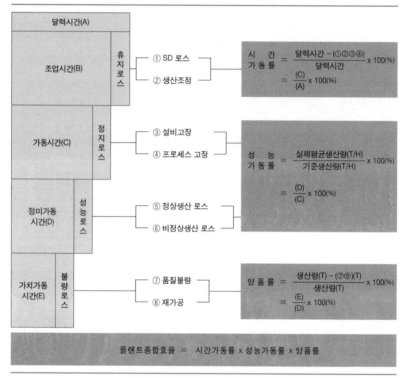

자료: 한국표준협회(2015).

는 시간 로스이다.

⑥ 초기수율저하 로스: 가공조건의 불안정, 치공구와 금형의 정비불량 등 생산개시 시점부터 생산이 안정화될 때까지의 초기 가동에 의한 수율 로스이다.

장치 산업에는 SD 로스, 생산조정, 설비고장, 프로세스 고장, 정상생산 로스, 비정상생산 로스, 품질불량, 재가공 등 8대 로스가 있다.

① SD Shut Down 로스: 연간 보전계획에 의한 SD 공사 및 정기정비 등에 의한 휴지시간 로스(예: D 공사, 정기정비, 법정검사, 자주검사, 일반보수공사 등)

② 생산조정: 수급관계에 의한 생산계획상의 조정시간(예: 생산조정 정지, 재고조정 정지 등)

③ 설비고장 로스: 설비·기기가 규정의 성능을 잃고 돌발적으로 정지하는 로스의 시간(예: 펌프 고장, 모터의 소손, 베어링 파손, 축 소손 등)

④ 프로세스 고장: 공정 내 취급 물질의 화학적·물리적 물성 변화 및 기타 조업 미스나 외란 등으로 플랜트가 정지하는 로스(예: 샘, 먼지, 막힘, 부식, 분진 비산, 조작 미스 등)

⑤ 정상생산 로스: 플랜트의 시작, 정지 및 교체 때문에 발생하는 로스(예: 시작 후의 첫 동작, 정지 전의 멈춤 동작, 품질교체에 따른 정지율 등)

⑥ 비정상생산 로스: 플랜트의 불량, 이상 때문에 생산율을 저하시키는 성능 로스(예: 저부하 운전, 속도 운전, 기준생산율 이하로 운전하는 경우)

⑦ 품질불량 로스: 불량품질을 만들어내고 있는 로스와 폐각품의 물적 로스(예: 품질표준에서 벗어난 제품을 만들어내는 것에 따른 물량·시간 로스)

⑧ 재가공 로스: 공정 후퇴에 의한 리사이클 로스(예: 최종 공정에서의 불량품을 원류 공정에 리사이클해 합격품 재가공)

3 생산현장에서 중요한 4M과 3정5S

4M은 Man(작업자), Machine(장비, 시설), Material(재료 및 자재), Method (작업방법)를 말한다. 현장 관리자의 업무는 4M을 계획하고 통제하고 조정하는 것이다. 원활한 4M 관리를 위해서는 공장의 기본인 3정5S가 필수적으

그림 5-4 3정5S

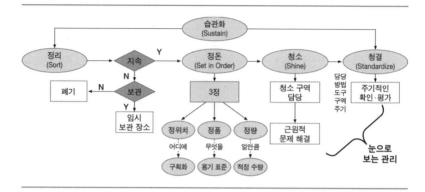

로 수반되어야 한다. 여기서 5S는 일본식 발음 S로 시작하는 다섯 가지 활동인 정리, 정돈, 청소, 청결, 습관화를 뜻한다. 설비 5S의 목적은 설비 자체를 깨끗하게 하는 것보다는 설비의 이상을 발견하는 데 있다. 5S 활동에 따른 이상 발견 시 스스로 개선활동을 함으로써 설비에 대한 관심도나 애착심이 높아지게 된다. 5S의 목적으로는 비용감축, 능률향상, 품질향상, 고장감축, 안전보장, 공해방지, 의욕향상 등을 들 수 있다.

① 정리Seiri, Sort란 불필요한 것을 과감하게 버림으로써 흩어진 상태를 정리해 질서 있게 만드는 것이다. 사용하지 않은 설비부품, 치공구의 오사용으로 품질불량과 기계고장이 발생할 수 있기 때문이다.

② 정돈Seidon, Set in Order은 누구나 언제든지 필요한 것을 찾기 쉽게 하는 것으로 3정 중에서 가장 중요한 핵심이다. 어디에 무엇이 얼마만큼 있는지 알 수 있도록 정위치(장소 표시), 정품(품목 표시), 정량(양 표시)을 표시하는 간판을 제작한다.

③ 청소Seiso, Shine는 설비를 점검하고 주변의 먼지나 오물을 닦아내는 것을

표 5-3 3정5S 도구·체크 리스트

5S	NO	체크 항목	체크 내용	점수				
				0	1	2	3	4
정리 (/20)	1	불필요한 재료 및 부품은 없는가?	불필요한 원자재 및 반제품, 완제품은 없는가?					
	2	불필요한 설비·기계는 없는가?	고장 난 설비, 방치 설비, 사용하지 않는 부품은 없는가?					
	3	불필요한 치공구는 없는가?	치공구, 금형, 비품 등 사용하지 않는 것은 없는가?					
	4	불필요한 것에 대한 정리가 잘되어 있는가?	불필요한 것에 대해 구분이 잘 되는가?					
	5	필요한 것과 불필요한 것에 대한 기준은 있는가?	버리기 위한 기준은 되어 있는가?					
정돈 (/20)	1	필요한 물품을 쉽고 빠르게 찾을 수 있는가?	품목 표시 및 수량 표시가 잘 되어 있는가?					
	2	통로, 재공 등 구획선은 명확한가?	구획선이 노란색으로 잘 표시되어 있는가?					
	3	바닥에 방치된 재료 및 부품은 없는가?	재료나 부품이 떨어지거나 흐트러져 있는가?					
	4	바닥 상태는 양호한가?	바닥에 물, 먼지, 기름 누출은 없는가?					
	5	치공구가 사용하기 쉽게 되어 있는가?	치공구의 합리적인 보관 방법은 무엇인가?					
청소 (/20)	1	설비에 먼지나 기름 누출은 없는가?	설비 청소가 잘 되고 있는가?					
	2	설비 청소와 체크 시트를 잘 작성하고 있는가?	일일 점검관리가 되는가?					
	3	청소 시간에 전원이 적극적으로 참여하는가?	구역별 담당자가 정해져 있는가?					
	4	청소 도구의 보관 상태가 양호한가?	별도의 보관 장소가 있는가?					
	5	청소 상태는 양호한가?	설비 주변, 바닥 청소는 깨끗한가?					
청결 (/20)	1	배기와 환기는 잘 되는가?	먼지, 냄새 등으로 공기가 탁하지 않은가?					
	2	채광은 작업하기에 적당한가?	작업하는 데 불편함은 없는가?					
	3	청소 상태를 항상 깨끗하게 유지하는가?	청소 후 관리가 잘 되는가?					
	4	작업복은 깨끗한가?	기름 등으로 더럽혀진 작업복을 입고 있는가?					
	5	복장 상태(의복, 신발 등)는 양호한가?	안전화, 작업복을 착용하고 있는가?					

습관화 (/20)	1	작업자가 입고 있는 복장이 정해진 복장인가?	복장에 흐트러짐이 없는가?					
	2	아침저녁 직원들 간 인사는 잘 하고 있는가?	서로가 만났을 때 인사를 잘하는가?					
	3	휴식(흡연 등) 시간은 잘 지켜지고 있는가?	장소와 시간이 잘 지켜지고 있는가?					
	4	작업 개시 전 조회를 실시하는가?	전달 사항 및 건의 사항, 작업 주의 사항이 잘 전달되는가?					
	5	사규는 잘 지켜지고 있는가?	출퇴근 시간 및 회사 사규가 잘 지켜지고 있는가?					

말한다. 설비의 열화와 이물혼입에 의한 불량, 측정오차의 유인, 위험 등을 방지한다.

④ 청결Seiketsu, Standardize은 청소의 횟수를 줄이거나 처음부터 청소를 하지 않게 하는 활동으로 정리·정돈·청소를 유지하는 것이다. 청결활동 정착을 위해서는 전원 참여 활동, 정리·정돈·청소의 일상 업무화, 활동의 지속성이 필수적이다.

⑤ 습관화Shitsuke, Sustain란 정리·정돈·청소·청결의 4S 활동이 몸에 습관으로 밴 상태를 말한다.

Chap 06   설비자산 운용 최적화를 위한 CMMS/EAM

1 설비자산관리의 개요

1.1 CMMS/EAM 정의

오늘날 여러 기업들은 국내뿐만 아니라 전 세계적으로 생존을 위한 치열한 경쟁을 펼치고 있다. 개발, 구매, 제조, 물류, 마케팅, 판매, 서비스, 경영관리 등 주요 비즈니스 프로세스를 최적화하기 위해 동분서주하고 있는 것이다. 그 가운데 가장 중점을 두고 있는 프로세스 중 하나가 제조업에서의 설비부문이다. 이것은 설비관리가 생산현장의 단순한 개선활동을 넘어서 기업경영목표 달성뿐만 아니라 국가경쟁력 향상의 중요한 전략으로 다루어지고 있다는 의미이다. 원래 설비관리라는 용어는 영어의 'Plant Engineering (설비공학)' 또는 'Plant Engineering and Maintenance Engineering(설비공학 및 정비공학)'을 번역한 것으로 협의의 공장관리 혹은 정비에 국한된 용어였다. 최근에는 설비Plant 대신 공장Factory 이라는 단어를 사용하는 등 설비관리의 의미가 확대되었고 TPMTotal Productive Maintenance 차원으로 인식되고 있다. 설비관리는 설비의 수명주기Life Cycle 관점에서 기획, 구매, 입고, 설치에 이르는 도입과정과 가동, 정비를 반복하다가 처분(폐기, 매각)에 이르는 사용과정으로 크게 구분된다. 경제성 평가를 충분히 해 생산성을 극대화할 수 있는 설비를 도입했다 하더라도 보전을 하지 못해 잦은 고장으로 조업이 중단되거나 인명 피해가 발생한다면 크나큰 경제적 손실을 입게 된다. 설비가격이 다소 높아지더라도 장래의 보전비와 열화손실비가 적게 소요되면 장기적인 관점에서 경제적이라고 할 수 있다. 이렇듯 설비의 구매, 입고, 설치부터 가동 및 정비에 이르기까지 설비의 라이프사이클을 통해 설비 자체 비용뿐만 아니라 설비의 운전, 정비에 드는 모든 비용과 설비의 열화에 의한 손실 합계를 적게 하여 기업의 생산성을 높이는 것이 바로 설비보전의 기본 개념이다. 이미 1959년 미국의 AIPEAmerican Institute of Plant Engineers 에서는 설비의 수명주기를 고려해 설비공학Plant Engineering 의 다섯 가지 기능을 제시했다.

- 설비배치와 설계(Plant Layout and Design)
- 건설과 설치(Construction and Installation)
- 보전, 수리 및 갱신(Maintenance, Repairs and Replacement)
- 유틸리티의 운전(Operation of Utilities)
- 공장의 방재(Plant Protection)

다시 말해 협의의 설비관리는 설비의 가동, 정비 등 사용과정만을 대상으로 하고 있으나 광의의 설비관리는 EAM 관점에서 설비의 도입부터 폐기까지 전체 수명주기 동안의 설비 무병장수를 통한 기업의 생산성 향상을 염두에 두고 있다. 기업의 생산성 향상이란 설비의 최적 활용을 통한 투입량 대비 산출량을 의미하는데 설비비용, 보전비, 동력비 등 설비에 들어가는 비용 대비 생산되는 이익의 최대치를 의미한다.

EAMEnterprise Asset Management은 1998년 가트너 그룹에서 수익성 중심의 설비 관리를 의미하는 개념으로 도입했다. 기업의 비즈니스 환경이 정보의 통합화, 신속한 의사결정체계, 효율적인 자원관리에 초점이 맞춰지면서 기업의 설비 및 자산관리 부분도 기존의 CMMSComputerized Maintenance Management System에서 좀 더 발전되고 기업의 요구를 더욱 적극적으로 수용할 수 있는 EAM 형태로 진화하고 있다.

설비자산을 효율적으로 관리하기 위해서는 자산취득, 자산운용, 자산정비, 자산폐기의 전 생애주기 모든 단계에 대한 통합적인 관리가 필요하다. 높은 수준의 자산관리체계는 4단계의 생애주기Life Cycle를 기반으로 하며 정비는 자산관리의 중요한 요소 중 하나이다. 자산관리는 이들 각 단계의 구체적 결과인 생산능력, 가용도를 포함한 설비종합효율, 생산 및 보전비를 포함한 총비용, 기업 상태, 경영목표 달성과의 연결고리 역할을 한다.

EAM은 생애주기를 통한 최고의 효율성과 수익성 추구를 그 목적으로 한다. 설비관리시스템을 개발·운영하는 데 기본적인 사상으로 자리 잡았고 기존의 CMMS를 한 단계 발전시킨 형태의 관리시스템으로 정착하게 되었다. 최근에는 자산관리 관점의 전체 라이프사이클 측면에서 설비관리 성숙도를 평가할 때 비용절감보다는 가치 창출에 더 큰 비중을 두고 있는 추세이다.

원자재가 투입되어 최종제품이 나올 때까지 각 단계별로 가치가 추가 되는데 제조업에서 가치란 제품의 품질향상에 따른 판매제품 가격의 상승이나 비용절감, 위험도 저감, 에너지와 밀접한 온실가스 저감 등을 총체적으로 지

그림 6-1 자산관리의 기본구조

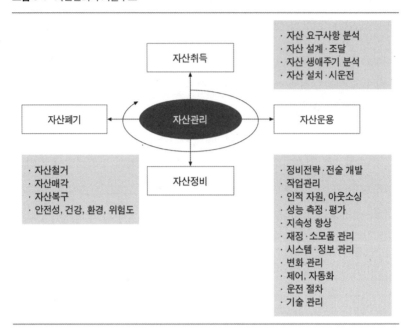

칭한다. 세계적인 설비관리 전문가이며 비영리 설비관리 단체인 미모사 MIMOSA의 초대 회장 존 S. 미첼John S. Mitchell이 제시한 제품가치모델에서도 생산지원 프로세스에서 비용과 가치의 상관관계가 서로 연결되어 있다. 미모사에서는 운전과 정비부문의 개방형 정보 표준을 개발하고 장려함으로써 그동안 단절되었던 생산과 정비 프로세스, 엔지니어와 관리자 모두가 참여하는 공동의 설비생애관리 프로세스를 정립하려는 노력을 하고 있다.

설비보전의 시작은 고장 난 후에 설비를 수리하는 사후보전BM: Breakdown Maintenance이 일반적이었으나 이제는 고장이 발생하기 전에 예방하는 방식으로 발전하고 있다. 여기에는 시간을 정해 놓고 일정한 주기별로 보전활동을 하는 정기보전TBM: Time Based Maintenance과 설비의 상태와 연동해 보전활동을 하

그림 6-2 욕조(Bathtub) 곡선

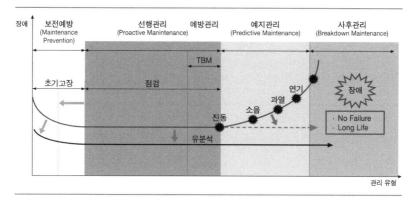

는 상태보전CBM: Condition Based Maintenance이 있는데, 상태보전은 예지보전PdM: Predictive Maintenance이라고도 한다. 또한 고장분석을 통해 처음부터 고장이 나지 않도록 하거나 고장이 나도 쉽게 수리가 가능하도록 체질을 개선하는 개량

보전CM: Corrective Maintenance으로 발전했다. 그 후 설계 단계에서의 피드백으로 신뢰성과 보전성을 높임으로써 보전이나 수리 자체를 하지 않도록 하는 MP 활동MP: Maintenance Prevention(보전예방)과 이 모든 것을 종합한 생산성이 높은 보전을 위한 종합생산보전TPM: Total Productive Maintenance으로 발전했다.

설비보전에서는 예방정비와 사후정비의 비율이 80 : 20 정도이고 MRO 자재의 서비스 레벨이 95~97%일 경우 베스트 프랙티스로 보고 있다.

1.2 예방정비 방법론

많은 기업에서 고장제로화에 대한 관심이 증대되고 있다. 설비고장에 따른 수리·교체 비용보다는 생산휴지, 납기지연, 품질불량, 에너지 낭비에 의한 악영향이 훨씬 크다. 핵발전소의 1일 가동 정지에 따른 경제적 영향은 4억 5000만 원, 석유화학 공장은 1억 5000만 원이다. 24×365 무정지로 운영되는 반도체 공장은 순간정지만으로도 경제적 영향이 700억 원을 상회한다. 고장을 최소화하기 위한 예방정비의 방법론에는 FMEA, FTA, ETA, RBI, RCM 등 여러 가지가 있지만 설비를 운용하고 관리하는 측면에서는 RBI, RCM 방법론이 생산현장에서 많이 활용되고 있다. FMEAFailure Mode Effect Analysis는 품질불량 분석, 프로세스 낭비 분석, 제품결함 분석, 고장원인 분석 등에서 널리 활용되고 있으나 설비 수백 개의 각 부품별 고장 모드를 분석하기에는 많은 리소스가 투입될 뿐 아니라 부품단위의 고장이 시스템에 어떤 영향을 미치는지 분석하기가 쉽지 않기 때문에 널리 활용되지는 못하고 있다. FTAFault Tree Anlysis 및 ETAEvent Tree Anlysis는 각각의 고장 모드별로 고장확률과 심각도를 분석하는데, 제품 불량 및 제품설계 불량을 분석하기에는 좋으나 실제 설비관리 현장에서는 통계분석할 설비의 고장 데이터도 부족할 뿐 아니

표 6-1 설비진단 관련기술

기술	고장 모드	적용 설비
진동	불평형, 정렬불량, 베어링 결함, 기어 결함, 유동 등	회전 설비, 왕복동 설비 등
윤활·마멸 입자 분석	윤활불량, 비정상 마멸	회전 설비, 기계 요소
열화상(IRT)	접촉불량, 비정상 마찰, 침식, 누수, Crack 등	전기 부품, 기계 요소, 빌딩, 구조물 등
전기신호 분석(ESA)	전동기 절연 파괴, 단락, 편심, 베어링 결함 등	전동기
음향방출(AE)	Stress Crack	압력 용기, 배관류, 구조물 등
기타	Leak, Crack, Partial, Discharge, 용접 불량 등	다양함

(설비 진단 기술)

자료: 양보석(2006).

라 예방정비 전술을 도출해내기가 쉽지 않다. 상태감시와 진단기술은 각 단위설비에 따라 다양한 방법이 있는데 이 중 가장 적절한 것을 적용한다.

RBI Risk Based Inspection 는 설비 각각의 위험성 분석을 통해 위험 수준별로 진단검사를 어떻게 해나갈 것인가를 결정하는 방법론이다. RBI는 정형화된 통계분석 자료를 활용해 각 설비요소별 위험수준, 진단검사 항목 및 진단주기를 표준화시킨 데이터가 많기 때문에 유사한 설비 계통 체계를 가지고 있는 발전설비 및 석유화학 공장에 적용하기 유리하다. 그러나 대부분의 산업군은 설비 자체가 복잡한 구조로 되어 있고 고장에 대한 축적된 데이터가 많지 않아 예방정비 방법론 선정에 어려움이 있다. 아직도 많은 현장에서는 건수 위주의 예방정비 기준을 관리하고 벤더에서 제시한 데이터나 혹은 설

그림 6-3 D-I-P-F 곡선과 고장 유형

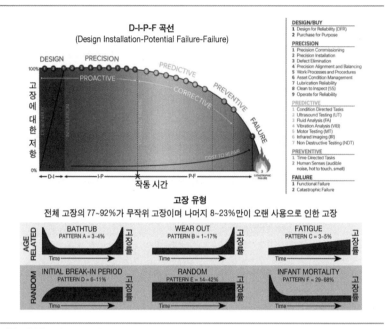

자료: reliabilityweb.com; maintenance.org

비 담당자의 주관적인 판단에 의해 예방정비 기준을 수립하고 있다.

이력에 바탕을 둔 PM(예방정비) 방식도 과거의 고장 실적이 없는 경우 대형 사고를 방지하기 위한 예방정비 활동을 하는 데 어려움이 있다. 과거에는 대부분의 부품이 같은 기간 동안 일정하게 마모되어 주기적으로 수리나 교체를 하면 되었다. 그러나 실제로는 내용 연수가 높을수록 고장확률이 높다는 개념 자체도 〈그림 6-3〉과 같이 변화하고 있다. 설비가 자동화·전자화·컴퓨터화되면서 고장의 요인도 복잡해져 지금까지 경험하지 못한 부분에 대한 논리적이고 체계적인 보전방식의 선정이 필요하다.

1990년대 중반부터는 유럽을 중심으로 철도 분야에 대한 안전성 및 신뢰성과 관련된 표준이 제정되었다. EN50126 및 IEC62278에서는 RAMS를 '시스템 생명주기 내에서 안전을 최우선으로 하여 신뢰성·가용성·유지보수성·안전성을 구현하기 위한 작업'이라고 정의하고 있다. 각각의 내용은 다음과 같다.

① 신뢰성Reliability : 주어진 조건하에서 시스템이 고장 없이 일정 기간 동안 최초의 품질 및 성능을 유지할 수 있는 확률이다. MTBF/MTTF, 고장률, 신뢰도로 표현된다.
② 가용성Availability : 필요한 외적 자원(환경, 시간 등) 등이 공급된다는 가정하에 주어진 기능을 발휘할 수 있는 확률로 표현된다.
③ 유지보수성Maintainability : 고장이 발생했을 때 필요한 외적 자원이 공급된다는 가정하에 시스템을 유지보수할 수 있는 능력을 말한다.
④ 안전성Safety : 시스템이 인적 요소Human Factor 의 안정성을 필요로 하고 다른 시스템 동작을 파괴하지 않게 하기 위한 시스템의 확률을 말한다. 즉, 임의의 시스템 동작 시 다른 시스템과 인적 요소에 대한 우선 조건을 두어 시스템의 안정성을 높이는 것을 말한다.

철도나 원자력 분야, 항공기와 같이 기능고장 때문에 대형 사고가 초래되는 인프라 산업의 경우, 시스템 고유의 신뢰성 이외에 운용이나 개선을 잘하여 시스템에 요구되는 수명만큼 고장 발생을 줄이는 것도 신뢰성 향상 개념에 포함된다. 이러한 유지보수 측면의 신뢰성 분석 개념을 도입한 방법이 신뢰성 기반의 유지보수RCM: Reliability Centered Maintenance 이다. RCM의 핵심인 예방정비 주기의 선정은 해당 시스템의 치명도 및 심각도와 관련된 안전성, 사고 발생확률에 관한 신뢰성 분석을 통해 수립되어야 한다.

2 주요 기능

보전ₘₐᵢₙₜₑₙₐₙ꜀ₑ 관련 데이터를 수작업으로 수집하거나 분석하기도 하지만 많은 시간과 노력이 소요된다. 그래서 일반적으로 CMMS Computerized Maintenance Management System 라 불리는 컴퓨터 시스템을 통해 해당 프로세스를 관리한다.

CMMS는 제조업 설비자산뿐만 아니라 빌딩, 철도 등의 인프라 설비자산, 전투기, 탱크, 함정 등의 전투 설비자산에도 동일하게 적용할 수 있으며 최근에는 단일 부서나 단일 공장의 전사적 레벨 EAM: Enterprise Asset Management 에까지도 적용 범위가 확대되고 있다.

미첼은 그의 논문에서 설비자산관리는 생산수단으로부터 최대의 가치 Value 를 얻기 위한 하나의 통합적이고 포괄적인 전략, 과정 및 의식적 행동이라고 정의한다. 설비나 장치의 생산성을 제조현장 차원에서 자산관리라는 전사적 차원으로 활동 영역을 확대시켰다는 데 그 의의가 있다. 최고 수준의 보전활동, 최적화된 조직 구조 및 설비자산과 관련된 모든 정보가 EAM 시스템으로 통합되고 최고 경영층부터 관리자, 현장 엔지니어까지 자산의 도입부터(기획, 구매, 입고, 설치) 운영(가동, 정비), 처분(폐기, 매각)까지의 모든 생애주기 동안의 정보를 관리 및 공유할 수 있게 된다.

CMMS/EAM 시스템은 다음과 같은 기능들을 포함한다.

· 자산정보관리: 설비자산과 관련된 데이터를 추적하고 변경 내용을 감시하는 모든 프로세스와 기술

· 작업오더관리: 보전업무 관련 작업오더를 계획하고 스케줄링하는 완벽한 추적관리

· 설비부품 구매 및 재고 관리: MRO 자재를 구매하고 재고를 관리하기 위한

그림 6-4 CMMS와 EAM 기능 비교

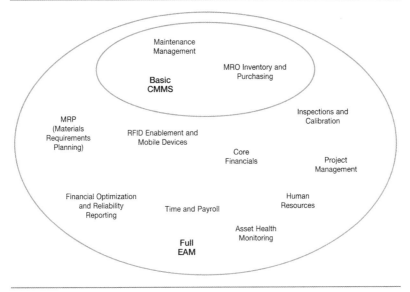

자료: Wireman(2008).

프로세스와 기술 및 정보

· 인적 자원 관리: 작업 엔지니어에 대한 인증, 기술평가, 교육 등과 관련된 프
로세스 및 정보

· 서비스 계약관리: 필드 서비스 계약과 관련된 프로세스 및 정보

· 정산: 기업 회계시스템과 연계한 외주 아웃소싱 등의 정산작업

· 데이터 분석 및 리포팅: 실시간 의사결정 지원을 위한 데이터 분석 및 리포팅

CMMS/EAM에서 가장 중요한 것이 Work Order 개념이다. Work Order
는 작업수행을 위한 Order로 설비관리시스템의 기본이며, 보전업무의 일반
적 프로세스인 작업소요 파악, 작업계획, 작업스케줄링, 작업수행, 이력관리

그림 6-5 Work Order 처리 프로세스

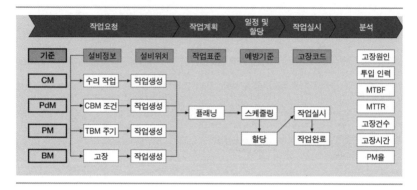

및 분석을 위한 기본 단위이다. Work Order는 누가, 언제, 어떻게 작업을 진행할 것이며, 어떻게 진행했는지에 대한 내용을 포함한다. 또한 Work Order를 작성할 때는 필요한 작업 유형과 설비를 지정하고 선택된 작업방법(작업표준)에 인력 및 소요 자재를 입력해 분석이 가능하도록 해야 한다.

Work Order는 작업요청, 작업계획, 스케줄링, 작업실행, 작업완료, 작업분석의 여섯 단계를 거친다. 작업 유형별로 차이가 있을 수 있지만 일반적으로 〈그림 6-5〉의 과정을 거쳐 작업이 종료된다.

Work Order 관리와 함께 양대 축을 이루는 중요한 기능이 설비부품Spare Parts(예비품) 관리기능이다. 완제품에 대한 SCM처럼 설비부품 SCM이라고 부르는데 설비부품의 구매발주부터 폐기까지 생애주기에 따른 전체 프로세스의 가시성을 확보해 설비부품 관리체계를 확립하고 효율적인 부품 사용으로 낭비를 제거하는 데 목적이 있다. 또한 설비부품의 사용 실적에 따라 발주 등급을 세분화해 구매 프로세스를 표준화한다. 예를 들어 일정 기간 동안 사용이력이 지속적으로 발생하면 정기수급품으로 지정해 자동발주를 하고, 간헐적으로 발생하면 통합수급품이나 일반수급품으로 지정해 구매부서나 현장부서에서 PR(구매요청)을 발행하게 한다. 또한 Work Order에 의해서만 설비부품에 대한 소요량 청구 및 사용 실적을 입력하고 설비부품에 대한 생애주기 동안 모니터링 및 재고 가시성을 확보하게 한다.

2.1 SAP PM 모듈 주요 기능

① 기준정보: 설비관리 전 과정을 효율적·체계적으로 관리할 수 있는 유기적 설비구조 형성

· 기능위치 마스터: 전체 설비를 기능, 프로세스, 위치별로 구분해 계층구조를 등록. 공장 전체 설비 Hierarchy 구성. 특정 레벨 하부의 설비에 대한 분석까지 가능(정비 건수, 비용)
· 설비 마스터: 구분, 설비내역, 상태, 유효일, 위치, 조직, 구조, 이동이력, 정비비용, 고장이력, 작업이력 등을 관리
· 설비 BOM: 수량이나 재고관리 여부를 알 수 있는 부품 리스트로 기능위치, 설비, 자재로 구성된 설비구조, 특정 레벨별 보전이력, 보전비용 등 분석 가능
· 고장코드 카탈로그
· 작업표준(Task List): 작업순서와 작업소요시간, 공수, 직종, 소요자재, 소요공구, 점검항목, 정비전략 등을 등록해 예방정비나 작업관리 시 활용
· 측정항목·측정값 관리: 측정항목별 측정값 관리 및 경향치를 분석하는 것으로 작업오더 실적 입력 시 매뉴얼 입력이나 SPC, FDC, DCS/SCADA 등과의 I/F를 통한 측정값 자동 입력
· 도면·기술 문서: 문서관리시스템과 연동해 문서 및 도면 관리

그림 6-6 SAP PM 모듈 작업관리 프로세스

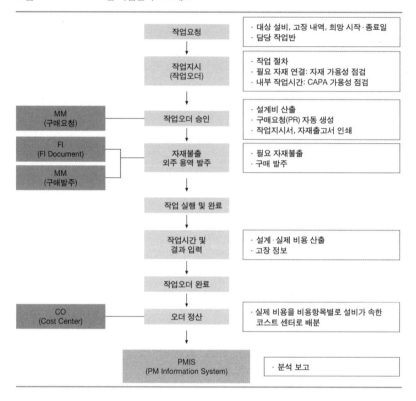

· 안전작업(WCM): 방사선 안전, 자연재해 안전, 종사자 안전 등 관리

② 예방·예지 보전: 시간 또는 운전량을 기준으로 한 주기적 계획과 설비
의 측정값을 기준으로 한 상태에 따른 계획 수립. 예방정비 대상 설비
를 작업표준절차에 의거해 작업 공정별 소요자재, 소요공구, 점검항목
으로 지정한 후 해당 조건을 충족하면 자동으로 작업오더가 발생

③ 작업관리: 작업오더는 예방정비나 점검, 현장에서 요청한 의뢰에 의해
생성. 작업오더가 발행하면 정비에 대한 일정, 작업자, 소요자재를 계

구분		정의	예시	계정
EQUP (장비)		제품 제조에 직간접적으로 사용되는 기계 장치	메인설비, 인프라설비 등	투자비
ERSA (부품)		설비 유지보수에 사용되는 부속 자재(Spare Parts)	실린더, O-Ring 등	기계재료비
CONS (소모품)		설비 운영 시 부가적으로 사용되는 소모품 자재	장갑, 방진복 등	생산소모품비
소재	원자재(ROH)	제품의 구성 재료	웨이퍼 등	원재료비
	부자재	공정에 직접 사용되는 자재	반도체의 Gas, Chemical, Slurry, PR, PAD, Target 등	부재료비
	유틸리티 자재	생산 및 설비 가동에 필요한 부가 공급 원료	N2, O2, AR, 전력 등	전력비(경)
금형		원자재를 투입시켜 요구하는 제품 형상을 만들어내는 금속제 형틀		
치공구		치구와 고정구를 조합한 것으로 제품 생산의 한 보조 수단이며, 가공물을 신속 정확하게 소정의 위치에 결정시켜 주고, 움직이지 않도록 고정시켜 줌. 허용 공차 내에서 동일한 다수의 공작물을 가공하여 품질 유지와 작업성 향상을 목적으로 하는 특수공구. 치구와 고정구를 구분하지 않고 보통 '치구'로 통칭. 1) 치구(JIG): 공작물을 올바른 위치에 놓기 위한 위치결정 기구와 고정하기 위한 클램핑 기구를 갖추고 있으며, 가공 작업 시 공구를 공작물에 안내할 수 있는 안내장치를 포함한 기구를 말함. 2) 고정구(Fixture): 치구와 비교하여 위치결정 기구와 클램핑 기구는 같으나 공구를 공작물에 안내하는 안내장치가 없는 기구를 말함.		
게이지		측정값이 일정한 치수로 반복적으로 발생될 때 합·불합격 판정에 사용되는 계측기. 예) Plug Gage, Snap Gage, GO/NO GO Gage 등		

획하고 승인절차와 안전작업 승인을 거친 후 작업을 실시. 작업내용, 소요자재, 작업자별 작업시간은 작업완료 후에 이력으로 관리되며, 설비별로 이력조회가 가능. 작업에 대한 비용 분석(계획, 실제)을 하며 발생된 비용을 회계처리하기 위해 정산작업을 지원

④ 공사관리: 작업 부하량, 요구기술, 비용효과를 고려해 정비작업에 관한 외주 작업을 결정. 외주작업은 단가계약이나 견적평가를 거친 후 업체를 선정해 정비작업을 수행

⑤ 검정·교정 관리: 계측장비나 법정관리 설비에 대해 주기적으로 검정·교정 오더를 계획하고 자동생성하며, 정비오더 중 검사가 필요한 부분은 품질관리와 연계해 자동으로 검사 Lot를 생성하고 검사이력과 작업오더를 연계관리

⑥ 보고서(분석 및 Report): 실적분석기능 지원

2.2 IBM MAXIMO 주요 기능

① 기준정보
  · 위치, 자산: 설비의 구성, 사양, 고장코드, 측정점, 안전사항 등 관리
  · 작업표준·안전표준: 작업절차, 설비부품, 소요인력 및 안전사항을 미리 정의해 보전작업의 신뢰성과 안전도를 향상시킴
  · PM 기준 및 고장코드: 시간, 사용량, 상태, 오감에 대한 예방작업을 관리해 고장을 미연에 막을 수 있도록 함
② 작업관리: 보전활동과 연관된 작업을 하나의 프로세스에서 다양한 절차로 구성해 작업관리 프로세스를 지원함
  · 작업요청: 작업자가 설비의 장애 및 개선 요구사항을 보전작업자에게 요청하고 진행 상황을 확인하도록 함
  · 작업계획: 설비관리 담당자는 미리 정의된 작업표준을 이용한 작업계획 템플릿을 자동으로 복사해 계획을 수립함
  · 스케줄링: 보전작업과 오버홀 등 작업 전후 관계와 인력의 가용성을 고려한 스케줄링을 지원함
  · 작업실행: 보전작업자의 기술 수준과 인력의 가용성을 확인하면서 업무가 특정일 또는 특정인에게 과중되지 않게 작업을 할당해 수행함

· 작업완료: 작업표준에 의거한 작업수행 결과를 입력함

· 작업분석: 작업오더를 이용하여 보전활동과 관련된 비용을 활동기준으로 관리해 설비관리 최적화에 활용함

③ 구매관리: 구매요청 – 구매오더 – 송장발행 – 자재입고

보전자재가 작업자의 사용정보 또는 재고정보에 기초해 구매요청이 신속하게 이루어지도록 지원함

④ 재고관리: 자재예약 – 자재불출 – 실적등록 – 자재반품

적정재고를 보유함으로써 자재부족에 의한 고장대응 지연을 예방하고 과다한 재고에 따른 비용증가를 예방함

⑤ 보고서(분석 및 Report): 실적분석기능 지원함

3 표준화 동향(PAS 55/ISO 55000)

글로벌 EAM 시장규모는 2015년에 16억 달러였던 것이 2018년에는 19억 달러를 기록해 CAGR이 6%가 될 것으로 전망된다(https://www.arcweb.com). IBM MAXIMO(16%), ABB Ventyx(12%), SAP PM(11%), ORACLE eAM(6%) 등 1100억 달러 이상 규모의 Top 10 플레이어가 글로벌 EAM 시장의 약 70% 이상을 점유하고 있다.

국내 시장규모는 2018년 150억(CAGR 8%), 중국 시장은 800억(CAGR 20%)으로 전망된다. 국내 산업현장에서는 해외 솔루션을 많이 사용하고 있지만 기술을 지원받기가 쉽지 않아 현장의 엔지니어들은 직관적이고 사용이 편한 UI를 갖춘 국내 솔루션을 많이 요구하고 있다. ERP 모듈을 사용할 경우 기준정보를 공유할 수 있고 한 번의 데이터 입력을 통해 실시간으로 데이터를

처리할 수 있다는 장점이 있으나, 현장 사용자들은 시스템의 복잡성 때문에 많은 불편함을 호소하고 있다. 외산 솔루션을 사용할 경우 쓰이지 않는 기능들 때문에 각 기업에 맞는 커스터마이징을 많이 하게 되는데 최근에는 국내의 'Nexplant EAM' 솔루션이 많은 해외 솔루션들을 윈백Win Back 하고 있다.

3.1 자산관리 표준화 동향

PAS 55Publicly Available Specification 55는 최적의 설비자산관리를 목적으로 영국의 IAM(http://theiam.org)이 주도해 규격을 만들었다. 1995년부터 표준화 준비작업을 거쳐 2004년 영국표준협회BSI에서 공식화되었고, 2008년 전 세계 50여 기업이 참여해 개정했다. PAS 55는 물리적 자산의 최적화된 관리를 위한 사양이며, 설비자산을 관리하는 조직에 실질적인 도움을 제공하려는 의도로 준비되어 왔다. 영국의 가스 및 전기 분야를 규제하는 정부 기관인 OFGEM은 2008년 4월까지 자국 내 모든 가스 및 전기 회사에서 PAS 55 인증을 받도록 규제를 강화하고 있으며 유럽을 시작으로 전 세계가 이를 규제화하기 위해 준비 중이다.

뉴질랜드, 호주, 영국, 남아공, 미국이 참여한 NAMS(http://www.nams.org.nz)는 IIMMInternational Infrastructure Management Manual을 개발해 사회기반시설을 대상으로 관리체계, 관리기법 및 적용 사례를 전파하고 있다. 호주의 CIEAM(http://www.cieam.com)은 상태감시기법과 자산관리시스템, 올바른 의사결정모델 설정을 통한 자산에서 요구되는 서비스 수준의 만족 및 그에 부가되는 다양한 부문에 대한 연구활동을 펼치고 있다. 유럽연합의 20여 개국 정비 관련 학회와 단체에 의해 결성된 EFNMSEuropean Federation of National Maintenance Societies (유럽정비학회연합, http://www.efnms.org)는 유레카Eureka 프로젝트를 통해 유럽연합의 이익을 위한 정비표준을 수립하고 있다. 또한 관련 표준을 제정하고 전문 인력의 자격 인증 프로그램을 운영하며 매년 'Euro Maintenance'를 개최해 관련 전문가들에게 정보 공유의 장을 제공한다. 미국은 1992년에 SMRP Society for Maintenance & Reliability Professionals (http://www.smrp.org)를, 2002년에 IAMC Industrial Asset Management Council (http://www.iamc.org) 등을 설립해 관련 교육 컨퍼런스 등으로 독점적인 네트워크를 구축하는 데 주력하고 있다.

3.2 ISO 55000(PAS 55) 표준

PAS 55는 전 세계적으로 유틸리티, 철도·교통, 광산업, 장치 및 제조 산업에서 성공적으로 적용되어 검증이 끝났으며, 2008년에 나온 개정 버전 (PAS 55, 2008)에서는 실물자산의 전 생애 단계에서 자산관리에 필요한 28개의 점검사항을 규정했다. 3년 후 ISO PC251은 첫 번째 자산관리 국제규격인 ISO 55000을 완성했고 2014년에 공식 발표했다.

PAS 55는 일반 요구사항, 자산관리 정책, 자산관리 전략·목표·계획, 자산관리 기능들과 제어, 자산관리 계획의 이행, 성능평가, 개선 및 관리검토로 구성된다. 다음은 PAS 55에 관한 내용이다.

· 국제적으로 통용되고 있는 명확한 설비자산관리의 정의
· 라이프사이클의 계획, 비용·위험 최적화 등과 관련된 28개 체크리스트
· 10개국, 50개 이상의 공공 및 민간 기관과 15개 부문을 바탕으로 6년 이상
  개발
· 중요 인프라 관리
· 모든 부문, 모든 자산 유형에 적용

그림 6-7 PAS 55 정의

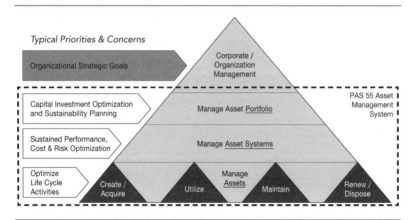

자료: http://www.pas55.net

그림 6-8 PAS 55(ISO 55000) 프레임워크

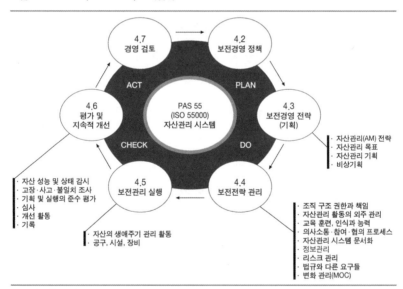

자료: 한국표준협회(2015).

표 6-2 자산관리 관련 규격

종류	내용
PAS 55	Part 1: Specification for the optimised management of physical infrastructure assets Part 2: Guidelines for the application of PAS 55-1
ISO 55000	55000: Asset Management Overview, principles and terminology 55001: Asset Management Requirements 55002: Asset Management Guidelines on the application of ISO 55001
기타 ISO 관련 규격	ISO 9001: Quality management ISO 14001: Environmental management OHSAS 18000: Occupational health and safety ISO 31000: Risk management

· 광범위한 용어 및 주요 용어의 정의

· 자세한 안내와 좋은 예제

국제표준규격 ISO 55000은 개요, 원칙, 자산관리의 용어를 제공하며, ISO 55001은 자산관리시스템에 대한 요구사항을 규정한다. ISO 55002는 ISO 55001의 적용을 위한 가이드라인을 제공한다. PAS 55에서 물리적 자산은 금융자산(생애비용, 자본적 투자범주, 운전비용, 자산성능의 가치), 정보자산(상태, 성능, 활동, 비용과 기회), 무형자산(평판, 이미지, 제약, 사회적 충격), 인적 자산(동기부여, 의사소통, 역할, 책임과 권한, 지식, 경험, 리더십, 팀워크) 등으로 분류된다. PAS 55는 실물자산에 대해서만 규정하고 있지만 ISO 55000은 유형, 무형의 모든 자산에 대해 정의하고, 리더십이나 회계, 위험도 결정과 같은 새로운 조항도 포함하고 있다. PAS 55와 ISO 55000과 관련된 규격은 〈표 6-2〉와 같다.

3부

스마트팩토리, 제조 IT 솔루션에 길을 묻다

1부 스마트팩토리를 위한 업종 지식

Chap 01 제조란 무엇인가?
Chap 02 기업의 자원계획모델
Chap 03 자재수급과 재고관리
Chap 04 제조실행 및 통제

2부 스마트팩토리, CMMS/EAM에 말을 걸다

Chap 05 제조의 기본, TPM과 3정5S
Chap 06 설비자산 운용 최적화를 위한 CMMS/EAM

3부 스마트팩토리, 제조 IT 솔루션에 길을 묻다

Chap 07 스마트매뉴팩처링의 핵심, MES
Chap 08 PLM이 이끄는 스마트매뉴팩처링
Chap 09 핵심 경영 인프라이며 혁신의 도구, ERP
Chap 10 물류를 관리하는 핵심 프로세스, SCM

4부 스마트팩토리, 미래 제조업 청사진

Chap 11 제조업 르네상스
Chap 12 스마트팩토리 핵심 인프라
Chap 13 스마트팩토리 표준화 동향

Chap 07   스마트매뉴팩처링의 핵심, MES

제조업의 트렌드 변화가 가속화되고 있다. 우선 '저임금 국가 생산, 선진 국가 소비' 패턴에서 '글로벌 생산, 글로벌 소비' 패턴으로 변화하고 있는 추세이다. 해외 제조비용의 증가로 리쇼어링Reshoring 현상이 발생하고 있으며, 중국을 중심으로 한 신흥 경제권이 급부상하면서 전 세계 소비자 및 시장 변화에 대응해 적절한 때에 적합한 글로벌 생산 및 물류를 조정하는 것이 큰 숙제가 되고 있다. 또한 다양한 기술 발달과 혁신에 대한 노출, 경험 축적에 따라 소비자의 니즈가 다양해지고 기대 수준 또한 날로 높아지고 있다. 소비자는 서로 다른 개인의 욕구와 니즈를 맞출 수 있는 제품을 요구하고, 제조업체들은 이에 대응하고자 과거의 대량생산시스템을 탈피해 대량고객맞춤Mass Customization 방식으로 변화를 꾀하는 중이다. 이러한 움직임과 더불어 제조업체도 빅데이터, 사물인터넷 등 자원제약을 극복해낼 수 있는 기술이 진보되어 제조업의 미래 숙제를 다양한 방식으로 풀어나가고 있다.

공급망·제조, 제품·엔지니어링, IT, 서비스 업무 등을 담당하고 있는 300여 개 글로벌 기업의 임원들은 제조 비즈니스에 영향을 미치는 주요 트렌드로 다음과 같은 것을 꼽고 있다(OXFORD ECONOMICS, 2016).

- 경기 변동: 선진국은 불황을 겪고 신흥국은 경제가 급성장함
- 기술 변화: 사물인터넷(IoT), 클라우드, 빅데이터, 3D 프린터 등에 의해 촉진됨
- 인력난: 선진국은 기능 격차를 느끼고 신흥국은 관리할 수 있는 충분한 능력이 부족함
- 공급업체와 파트너 복잡성: 분산화된 소싱, 엔지니어링, 생산과 품질, 순응도, 리스크 등의 수준이 다양한 여러 파트너를 관리해야 함
- 치열해진 글로벌 경쟁: 기업은 새로운 해외 라이벌로부터 국내 시장을 방어하는 동시에 장기 성장을 위한 신시장을 개척해야 함
- 규제 강화: 세계가 점차 상호 연결되면서 환경에 관한 관심이 커지고 ISO 같은 표준준수를 강조함
- 고객 행동 변화: 세분화된 고객 요구를 포함함

각 기업들은 이러한 글로벌 경제역풍과 신기술 등장에 따른 제조환경의 변화에 대응하기 위해 다양한 전략을 취하고 있다. 새로운 서비스를 제품과 함께 엮어 판매시점뿐 아니라 부가가치를 제품의 유효수명 동안 지속적으로 제공한다. 또한 제품개발 글로벌화에 초점을 맞춰 계획 및 엔지니어링을 한층 더 밀접하게 연계해 동일한 코어 플랫폼을 기반으로 사실상 수효에 제한이 없는 제품 옵션을 제공하고자 한다.

전통적인 제조업에서는 핵심적인 제조업의 가치 창출 영역을 품질, 원가,

그림 7-1 스마트팩토리와 제조 IT 솔루션

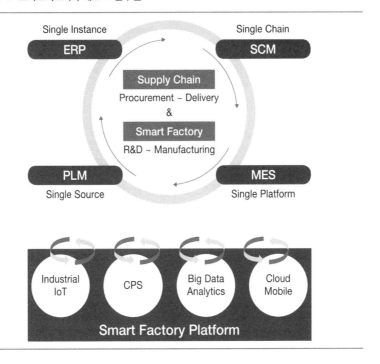

납기, 유연성으로 보고 이를 집중 개선해 사업 환경 및 소비자 니즈 변화에
대응하고자 했다. 과거 20년간 많은 제조업체가 구축했던 MES, PLM, ERP,
SCM 등의 정보시스템도 최소한의 필요 정보만 서로 전달되어 운영되었지
생산현장과 끊임없이Seamless 연계하지는 못했다. MES를 비롯한 제조현장의
많은 부분은 상당 수준 자동화가 이루어졌지만 설비·공정·제품 관련 데이
터는 쌓여만 있었을 뿐 체계적으로 분석해 품질 이상의 근본적인 원인을 신
속하게 파악하고 최적의 제품생산 환경을 유지하는 데는 한계가 있었다. 지
금까지 쌓여 있는 데이터양만 해도 유통업 364페타바이트Petabytes(이베이 하
루 50페타바이트 데이터 처리), 프로세스 산업 694페타바이트, 디스크리트 산

업 966페타바이트 정도되는데, 이런 데이터가 설비이상을 사전에 예측하거나 고질적인 불량 문제를 해결하는 데는 사용되지 못했다.

그러나 미래의 제조업 현장은 빅데이터를 선봉으로 한 사물인터넷, 클라우드, CPS 등의 기술 발달로 이러한 단절이 해소될 것으로 기대된다. 소셜 정보의 급증으로 소비자 접점에서의 정보 집계가 가능해졌고, 사물인터넷IoT으로 모든 생산·물류 현장의 정보를 실시간으로 집계할 수 있게 되었다. 이러한 무수히 많은 정형·비정형 데이터를 빅데이터 기술을 통해 컨텍스트화할 수 있게 되었고, 이를 기반으로 아직 일어나지 않은 사건에 대한 선험적 통찰Prescriptive Insight 을 도출해내는 것이 가능해졌다. 이렇듯 데이터 분석 결과가 다양한 시각화 방식으로 제시되고 데이터에 대한 다각적인 해석을 가능하게 해 최적의 제품생산 환경을 유지할 수 있도록 하고 있다.

제조현장과 정보시스템의 완전 통합을 이루기 위해서는 인간과 로봇 간의 협업이 필수적으로 요구된다. 현재 생산성이 필요한 작업은 로봇을 활용해 완전자동화 방식으로 작업하고, 유연성이 요구되는 작업은 수동으로 진행하고 있다. 하지만 미래에는 자유자재로 회전할 수 있는 관절을 로봇에 도입하고 스마트센서를 부착함으로써 인간과 로봇이 각각 수행했던 작업 간 벽을 허물 수 있게 된다. 스마트 제조 영역 중 서비스가 내재된 제품생산 영역은 앞으로도 점점 더 확장될 것으로 보인다. 제품출하로 판매가 완료되지 않고 제품이 판매된 이후에도 고객의 제품사용 현황을 실시간으로 모니터링하며, 축적된 고객 사용 및 고장, 교체에 대한 인사이트를 바탕으로 서비스를 적용해 추가 매출을 발생시키는 구조이다.

미래의 IoT, CPS, 클라우드, 빅데이터 분석 등 똑똑한 제조업Smart Manufacturing 환경하에서도 제조 IT 솔루션인 MES, PLM, ERP, SCM의 역할이나 중요성은 감소되지 않으리라고 본다. 스마트팩토리는 완전히 새로운 생산시스템

으로 갈아엎는 것이 아니라 생산·유통·소비 측면에서 기존 생산시스템을
효율적으로 만들고 최적화하는 것이기 때문이다.

1 MES의 개요

1.1 MES의 정의

MES는 주문부터 완제품까지 생산활동을 최적화할 수 있는 정보관리 및
제어솔루션으로 제조기업의 경쟁력 향상을 위한 핵심 역할을 수행한다. 생
산현장은 일반적으로 많은 설비와 인력, 복잡한 공정 또는 자동화에 따른 빠
른 생산속도 등의 이유로 제품생산의 전반적인 상황을 파악하는 것이 매우
어렵다. MES는 제품을 생산하는 현장에서 시시각각 발생하는 생산정보를
4M(자재, 설비, 작업방법, 작업자)을 통해 직간접적으로 수집·집계하고, 실시
간Real-Time으로 정보를 처리함으로써 현장 작업자에서 경영층에 이르기까지
생산현장의 실시간 정보를 공유할 수 있는 시스템 환경을 제공한다. 이뿐만
아니라 관리자 및 경영층에서 내린 의사결정 정보가 다시 현장에 전달될 수
있는 환경을 제공한다.

생산하는 제품에 따라 제조현장의 모습은 천차만별이지만 MES는 현장
설비에 작업지시를 하고 작업자 및 관리자에게 제조 관련 정보를 제공한다.
작업진행 정보를 실시간으로 수집하고 공유하며 부적절한 상황을 제거하기
위해 현장을 통제함으로써 현장에서 제품생산의 Order를 달성하고 품질개
선, 오류방지, Line Balancing 등의 의사결정에 도움을 준다. MES의 목표는
생산성 향상과 사이클 타임 단축, 설비효율 향상, 재공감소라고 할 수 있다.

그림 7-2 협업 기반의 제조관리 모델

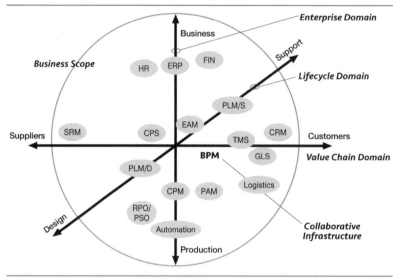

자료: https://www.arcweb.com

1.2 MES 참조모델(MESA, ISA-95)

　MESA에서는 1997년 MES의 주요 기능을 11개로 정의해 MESA-11을 발표했는데 이는 오늘날 상업적으로 가장 널리 사용되는 MES 참조모델이다. MES의 11가지 주요 기능은 자원할당 및 상태관리Resource Allocation and Status, 작업 및 상세일정 관리Operations/Detail Scheduling, 작업지시Dispatching Production Units, 문서관리Document Control, 데이터 수집Data Collection/Acquisition, 노무관리Labor Management, 품질관리Quality Management, 공정관리Process Management, 유지보수관리Maintenance Management, 생산 추적 및 이력Production Tracking and Genealogy, 성과분석Performance Analysis 등이다. 2008년에 발표된 버전 #2.1은 〈그림 7-3〉과 같이 MESA-11에 비해 전략적이고 전사적인 레벨까지 범위를 확장하고 있다.

그림 7-3 MESA 모델

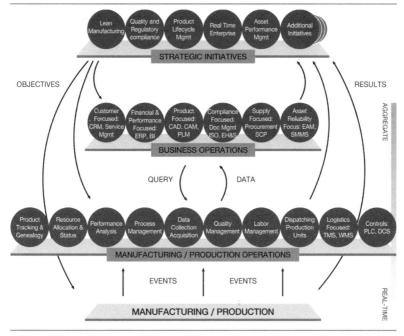

자료: www.mesa.org

MESA 모델과 함께 기억해둘 MES 참조모델은 2002년에 IEC/ISO 62264 국제표준으로 지정된 ANSI/ISA-95 모델이다. 주로 'S95 모델'이라고 부르는데 제조업 계층모델의 원형이 된 PRM Model Purdue CIM Reference Model 의 수직 구조와 가장 널리 인용되고 있는 MESA Model의 기능구조, 그리고 배치 프로세스 제어를 정의하고 있는 ISA-88을 참조해 만들었다. ISA-95 통합모델은 비즈니스 계획 및 물류, 생산운영관리, 생산제어 등을 수직적 계층으로 구분해 레벨 1에서 레벨 4까지 정의한다. 레벨 1은 단위장치제어라고 불리는데 모터 혹은 유압이나 공기압을 활용해 액추에이터를 제어한다. 레벨 2는 PLC+HMI, DCS, SCADA 등을 활용해 프로세스를 제어하며 자동화(혹은

그림 7-4 ANSI/ISA-95 모델

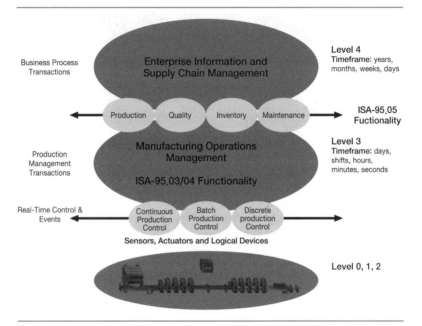

자료: www.isa.org/isa95

공정제어)라고 통칭한다. 레벨 3에 해당하는 계층은 생산운영관리로 정의하고 있다. 레벨 1에서 레벨 3까지를 광의의 MES, 레벨 3만을 협의의 MES라고 부르기도 한다. ISA-95 모델에서는 레벨 3과 상위 레벨인 레벨 4와의 관계를 주로 다루며, 설비의 운영이나 센서의 구동 등 레벨 1, 2 의 Batch 프로세스 제어에 대해서는 별도의 ISA-88에서 상세하게 정의한다.

　ANSI/ISA-95 Standard는 MOM의 기능요소 네 개와 Generic Activity Model의 여덟 개 카테고리를 매핑해 각 액티비티를 정의한다.

표 7-1 ISA - 95의 액티비티와 세부 업무

제조활동 요소	액티비티	세부 업무
생산	제품 기준정보관리	Recipe, BOM 변경관리 등 10가지 업무
	생산자원관리	인력·자재·설비의 기준정보 제공 등 11가지 업무
	상세 생산계획	상세 생산일정 수립 및 관리 등 5가지 업무
	생산지시	Work Order 발행 등 10가지 업무
	생산실행관리	작업실행지시, 작업종료지시 등 8가지 업무
	생산데이터 수집	생산 현황 정보 수집 등 6가지 업무
	생산추적	시간별·공정별 자재 경로추적 등 7가지 업무
	생산성과 분석	생산실적 보고·비교분석 등 11가지 업무
설비	유지보수 기준정보관리	문서관리, 유지보수 KPI 정의 등 9가지 업무
	유지보수 자원관리	보전인력 정보관리 등 6가지 업무
	상세 유지보수 일정	보전 요청에 대한 검토·확정 등 5가지 업무
	유지보수 지시	유지보수 Work Order 발행 등 2가지 업무
	유지보수 실행관리	유지보수 상황·결과에 대한 문서화 등 7가지 업무
	유지보수 데이터 수집	유지보수 상태·자원·작업시간 등 정보 수집
	유지보수 추적	유지보수 시 사용자원 정보 추적 등 2가지 업무
	유지보수 분석	유지보수 대상 선정을 위한 분석 등 12가지 업무
품질	품질검사 기준정보관리	검사 기준정보 변경관리 등 7가지 업무
	품질검사 자원관리	검사장비 보전정보 제공 등 10가지 업무
	상세 품질검사 계획	상세 검사일정 생성·관리 등 3가지 업무
	품질검사 지시	품질검사 Work Order 발행
	품질검사 실행관리	검사 수행, 절차 및 표준 준수 확인 등 3가지 업무
	품질검사 데이터 수집	품질검사 결과의 수집 및 가공 등 2가지 업무
	품질검사 추적	품질추적 정보 제공, 경영자 정보 제공 등 3가지 업무
	품질성과 분석	중요품질지표에 대한 생산정보 분석 등 5가지 업무
재고	재고 기준정보관리.	재고이송에 대한 기준정보관리 등 7가지 업무
	재고 자원관리	재고관리인력, 설비, 자재정보수집 등 11가지 업무
	상세 재고 계획	세부 재고운영일정 수립 등 7가지 업무
	재고 지시	재고 Work Order 발행
	재고 실행관리	입출고 작업절차 및 기준준수 확인 등 8가지 업무
	재고 데이터 수집	제품추적 정보의 유지·관리 등 3가지 업무
	재고 추적	재고이송추적 정보관리 등 2가지 업무
	재고 분석	재고효율 및 자원사용 분석 등 3가지 업무
기타 액티비티	보안관리	생산 및 제조 활동과 관련한 정보 보안관리
	정보관리	생산 및 제조 활동에 관한 정보 저장, 백업, 복구, 이중화 관리
	형상관리	HW/SW와 관련한 변경, 버전관리 및 절차관리
	문서관리	생산 및 제조 활동과 관련한 문서의 관리
	준법감시 규제정책관리	생산 및 제조 활동과 관련한 환경·안전 등 규제와 관련한 준법감시관리
	사고 및 편차 관리	사고, 재해, 품질편차, 시정 조치 등의 관리

2 MES의 주요 기능

MES 솔루션은 제조 프로세스의 최적화를 수행하는 제조정보관리 및 제어 솔루션으로, 생산성을 향상시키고 제조 안정성을 확보하기 위해 〈그림 7-5〉와 같이 각 계층별(제어, 실행, 분석)로 다양한 기능을 수행한다. 제어계층은 제조 및 물류설비 자동화를 담당하며 물류제어MCS, 설비제어TC 모듈로 구성된다. 실행계층은 제조실행 및 효율최적화를 담당하며 작업지시MSS, 생산실행MOS, 설비엔지니어링EES 모듈로 구성된다. 분석계층은 제조품질 향상을 목적으로 하는데, 여기에는 생산분석, 품질분석YMS 모듈이 있다. 그러나 제조기술과 생산역량이 증대되고 IT 기술이 발전함에 따라 MES에서 필요로 하는 기능은 계속 늘어나고 있다.

그림 7-5 MES 구성 및 주요 모듈

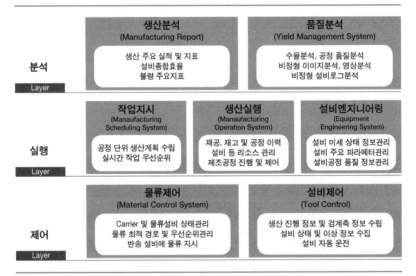

자료: 삼성SDS(2015).

2.1 제어계층

① 물류제어Material Control System 모듈은 Carrier의 이동시간을 최적화해 생산
효율을 극대화하기 위한 시스템으로 FOUP, Cassette, Mask 등의
Carrier 관리, Stocker, AGV, OHT 등의 물류설비관리 및 반송 명령관리
를 통해 완전자동화를 구현한다. 물류제어 표준 프로토콜인 IB-SEM/
Stocker-SEM을 준수하며 최적 반송에 필요한 경로를 제어한다. 또한
반송 중 발생하는 예외 상황 제어 및 실시간 모니터링 기능도 가능하다.
최적경로탐색 알고리즘 및 동적 경로탐색기능이 있으며 다운타임 최소
화를 위한 Hot Deploy 및 자동 장애극복Fail Over기능도 있다. AMAT사
의 classMCS와 삼성SDS사의 nanoTrans가 대표적인 솔루션이다.

② 설비제어Tool Control 모듈은 설비 표준 프로토콜을 기반으로 설비데이터
를 자동 수집하고 설비 원격제어 등 공장자동화를 위해 설비와 생산실
행, 설비엔지니어링 시스템 간의 인터페이스 및 제어를 수행하는 시스
템이다. 워크플로를 통한 유연성 및 비즈니스 로직의 시각화 기능이
있다. 반도체 설비의 경우 표준 프로토콜인 SECS/GEM을 준수하고
설비당 10 Trx/sec 이상의 데이터를 처리하며 다양한 설비 운영 시나
리오에 대응해야 한다. 또한 설비의 무정지 운영을 위한 모니터링 및
자동 장애극복기능이 있으며, 다운타임 없이 기능 업그레이드가 가능
해야 한다.

2.2 실행 계층

① 작업지시Manufacturing Scheduling System 모듈은 생산계획에 따라 생산물량을

공정별로 할당하고 작업대상의 Work Order를 관리하는 스케줄러와 실시간으로 최적의 작업대상 Lot 또는 설비를 선정하는 Dispatcher로 구성된다. 스케줄링은 설비의 가동률, 제품 및 부자재의 수급상태, 제품의 납기 등을 고려해 최적의 작업지시를 제시하고, 제품·설비 단위로 진행 가능한 제품을 일정한 기간 동안 Work Order로 지정한다. 디스패칭은 스케줄링 결과와 디스패칭 룰을 적용해 현재 공정의 최적 Lot 또는 설비를 제시한다. 설비 단위로 진행 가능한 최적의 Lot를 할당하며 작업 완료된 Lot를 최적의 설비에 할당한다.

② 생산실행Manufacturing Operation System 모듈은 제조현장 자원의 실시간 정보를 수집해 이를 기반으로 제품의 투입부터 출하까지의 생산활동을 자동화하는 공장운영시스템이다. 효율적인 공장운영이 가능하도록 생산공정 및 생산자원을 통합 관리하며 SEMI, MESA 및 ISA-95 등 국제표준기능을 준수한다.

  · 자원관리: 설비, 인원, 공구, 금형 등 상태 및 이력 관리
  · 데이터 수집: 실시간으로 현장의 제조 데이터 수집
  · WIP 관리: 재공품의 실적·진도 관리
  · 트래킹(Tracking): 제품 및 제조이력 추적관리
  · 품질관리: 검사, 불량추적, 불량이력관리

③ 설비엔지니어링Equipment Engineering System 모듈은 제조활동 과정에서 발생하는 설비데이터를 포함해 수집·활용 가능한 모든 데이터를 이용하여 설비효율을 높이고 제품의 품질을 향상시키기 위한 시스템이다. 공정제어, 설비생산성, 설비이상 감시제어가 주요 기능이다.

표 7-2 EES 세부 모듈

구분	모듈명	설명	주요 기능	특징
공정 제어	APC(R2R): Advanced Process Control	· 진행될 Lot에 대한 최적의 공정 조건값을 자동 계산해 공정조 건 실시간 제어	· R2R 제어 알고리즘(FB, FF) · R2R 분석 데이터·차트 · 분석모델에 대한 모델링 가능	공정 이해도 필요
	VM: Virtual Metrology	· 제품 가공 시 발생되는 설비데 이터를 이용해 전 제품품질을 실시간으로 예측		공정 이해도 필요
설비 생산성	EPT: Equipment Performance Tracking	· 설비의 Event 및 Alarm 데이터 를 활용해 설비효율 분석	· 설비효율 및 가동 데이터 수집 · 설비 동작 시간 분석 정보 제공 · Data Modeling 및 이상 감지	· 대용량 데이터 처리능력 · 시스템 Fail Over
설비 이상 감지 제어	FDC: Fault Detection and Classification	· 생산설비의 오작동을 실시간 감 시하기 위해 설정된 설비의 센 서 값을 실시간으로 수집 계산 · 이상발생 판단 및 불량 분석	· 데이터 수집 Planning 기능(DCP) · 실시간 이상 감지 및 분석 · 설비데이터 통합 및 분산 관리	· 대용량 데이터 처리능력 · 시스템 Fail Over
	RMS: Recipe Management System	· 설비 Recipe(프로그램), Parameter 변경 등 통합 제어 관리	· 설비 Recipe 실시간 비교·검증 · 설비 Recipe 동기화 처리 · 설비 Recipe 변경 이력 관리	
	ECM: Equipment Constants Management	· 설비 설정값(Constant Value) 관 리를 통한 Lot 진행 전 사고 예방	· 가동상수 등록·조회·버전 이력 관리 · 설비가동상수 제어(배포, 변경 등) · 설비가동상수 비교 및 검증	
	SPC: Statistical Process Control	· 관리도(Control Chart) 개념에 기반을 둔 통계적 기법을 활용 해 품질 이상 유무 실시간 판단	· 실시간 표준 공정·품질 이상 감지 · Advanced Detect Rule 기능 · 관리 한계선 자동 계산 및 적용	

2.3 분석 계층

① 품질분석Yield Management System 모듈은 정형분석과 비정형분석을 담당한
다. 정형분석은 공정진행, 검측·계측, 설비데이터 등 생산현장에서 수
집된 다양한 데이터를 활용해 통계적 분석을 한 후 이를 바탕으로 설
비 및 제품 이상 유무 등 수율 향상을 제고한다. 비정형분석은 설비로

그, 검사 이미지 등 비정형 데이터를 분석해 설비 또는 제품 이상 유무를 판단한다. 대용량 데이터 처리를 위한 고속 분산처리 통계기반의 품질분석 솔루션이다.

② 생산분석Manufacturing Report 모듈은 대부분 자체적으로 개발하며 설비종합 효율, 불량 주요지표 등 주요 실적 및 지표를 리포팅한다.

3 MES 수준 진단 툴(TiSA, MMP)

MES 수준 진단은 제조기업의 전반적인 현 수준을 인식하고 목표 달성을 위한 방향성을 제시하는 데 목적이 있다. 진단 툴에는 여러 가지가 있지만 이 절에서는 그중에서도 TiSA와 MMP를 소개하고자 한다. 우선 TiSATotal Information System Assessment는 MES 수준 진단을 제조부문에 국한하지 않고, 정보시스템이 기업 내 전체 프로세스의 경영성과 측정도구인 비즈니스 KPI에 기여하는 정도를 글로벌 기업의 수준과 비교·분석하며, 이를 바탕으로 개선기회를 제시하는 종합 IT 진단 툴이다. 기업 내 전 범위의 KPI, 프로세스, 시스템을 대상으로 선진사와 대비해 종합 비교가 가능하다.

TiSA-SAMSystem Assessment Matrix은 고객사 시스템이 비즈니스 KPI 성과를 효과적으로 지원하는지 여부를 시스템 기능 기준으로 진단하는 매트릭스 형태의 IT 툴이다. 비즈니스 수행에 영향을 주는 시스템 기능에 대한 구현·활용 수준을 정형화된 툴을 이용해 정기적으로 점검한다. 비즈니스의 성과저하 원인이 시스템 문제에 기인한 것인지를 신속하고 객관적으로 진단하고 다양한 관점의 분석기능을 제공해 시스템 개선방안 도출을 지원한다. 적용절차는 상세 액티비티와 템플리트 및 산출물들로 구성된다.

그림 7-6 TiSA Framework

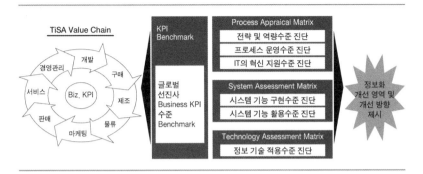

그림 7-7 TiSA-SAM 적용절차

P1: TiSA 적용 준비	P2: KPI 수준 측정	P3: 활용·구현 수준 진단	P4: 개선 방향 도출

Activity

P1.1 Client 프로세스 vs TiSA 프로세스 Mapping	P2.1 KPI 측정을 위한 설문 수행	P3.1 시스템 구현·활용 수준 측정 대상 기능 선정	P4.1 설문 집계·분석
P1.2 프로세스 Owner 및 Survey 담당 할당·등록	P2.2 KPI 계산	P3.2 설문 배포	P4.2 개선 방향 도출
P1.3 TiSA 프로세스별 고객사 측정 대상 시스템 등록	P2.3 Benchmarking 결과 접수	P3.3 활용·구현 수준 측정 입력	P4.3 보고서 작성 및 보고
P1.4 TiSA APPs vs 고객사 Apps Mapping	P2.4 KPI 측정 결과 비교분석	P3.4 설문 회수	

Template/Output

T: TiSA 프로세스-대상 시스템 Mapping Table, 프로세스 정의서, TiSA APPs-고객사 Apps Mapping Table O: Mapping 및 할당 결과	T: KPI Pool, KPI Screening 기준서, 설문서, 설문집계표 O: KPI Pool, KPI 비교분석서	T: KPI-프로세스 Mapping Table, KPI-Apps Mapping Table, Apps O: Apps	T/O: Apps 종합 분석표, 진단 결과 집계표, 개선 방향 정의서(보고서)

주: T는 Template, O는 Output을 의미한다.

MMP MES Maturity Profile 는 MESA 보고서(MESA White Papaer) 「비즈니스 사례 방법론(Justifying MES: A Business case Methodology)」에서 소개된 모델로서 제조운영의 전략적 핵심도출을 위한 평가요소를 제시한다. 여기에는 제조 전략, 제조품질, 공급망 정렬, 데이터 수집, 성과관리 및 개선, 제조 인프라 에 대한 기준 영역별 수준 등 여섯 가지가 있다.

표 7-8 성숙도 관점의 MES Maturity Profile 모델

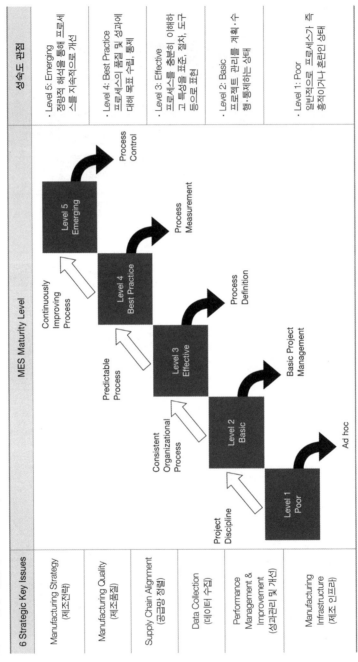

6 Strategic Key Issues	MES Maturity Level	성숙도 관점
Manufacturing Strategy (제조전략)		• Level 5: Emerging 정량적 해석을 통해 프로세스를 지속적으로 개선
Manufacturing Quality (제조품질)		• Level 4: Best Practice 프로세스의 품질 및 성과에 대해 목표 수립, 통제
Supply Chain Alignment (공급망 정렬)		• Level 3: Effective 프로세스를 충분히 이해하고 특성을 표준, 절차, 도구 등으로 표현
Data Collection (데이터 수집)		• Level 2: Basic 프로젝트 관리를 계획·수행·통제하는 상태
Performance Management & Improvement (성과관리 및 개선)		• Level 1: Poor 일반적으로 프로세스가 즉흥적이거나 혼란인 상태
Manufacturing Infrastructure (제조 인프라)		

자료: https://services.mesa.org/ResourceLibrary

Chap 08 PLM이 이끄는 스마트매뉴팩처링

1 신제품 개발 프로세스

기업이 생존하기 위해서는 업종과 상품, 서비스에 대한 구분 없이 팔릴 만한 제품을 신속하게 만들어내고, 더 이상 팔리지 않으면 다른 제품을 시장에 신속하게 투입해야 한다. 다른 말로 하면 고객의 수요에 맞는 신제품 서비스의 채산성을 점검하면서 최대한 빨리 제품을 개발해낼 수 있는 프로세스를 만들어야 한다. 하지만 제조업 분야는 다른 업종과 상황이 조금 다르다. 대부분의 제조업체는 고객의 요구를 정확히 파악했다 하더라도 신제품 개발과정이나 대량생산을 위한 준비과정 등의 제약요소 때문에 신속한 제품 공급이 불가능한 경우가 많다.

기존의 신제품 개발 프로세스에도 많은 불합리한 요소들이 있다. 기술을 보유한 설계자가 초반부터 합류하지 못해 개발 리드타임이 필요 이상으로

그림 8-1 신차종 개발기간 중 기술변경 횟수

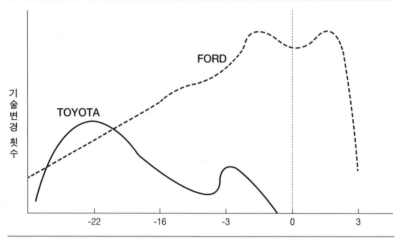

자료: 이케다 요시요 외(2006).

길어지거나, 관련 인프라 미비로 과거의 제품설계 결과를 재활용할 수 없거나, 관련 도면 및 기술 자료가 어디 있는지 알 수 없는 상황이 발생한다. 특히 많은 문제점이 시작품 제작 이후에 드러나기 때문에 시작품을 만들기 전에 CAE와 디지털 목업Mockup을 활용하면 다른 부문의 요청을 파악하거나 제품 출시 이후의 고객 불만을 줄일 수 있다. 개발 초기 단계의 설계정보가 제조, 생산기술, 조달 등에 공유된다면 관련 부분을 병행해 작업을 진행할 수 있고, 초기에 설계부문 피드백이 가능해져 설계 단계부터 완성도를 높일 수 있다.

1970년대 오일쇼크 이후 미국 빅Big 3 자동차 회사에서 작성한 도요타 벤치마킹 보고서에서도 사전제품 품질계획 활동의 중요성을 강조하고 있다. 〈그림 8-1〉에도 나타나듯이 도요타는 제품이 출시되기 전에 품질문제를 해결하는 반면 포드는 양산이 시작된 후 3개월 사이 기술변경 횟수에 정점을 찍는다. 이를 예방하기 위해 자동차 업계에서 APQP Advanced Products Quality Planning

그림 8-2 통합 제품자료모델과 신제품 개발 프로세스와의 관계

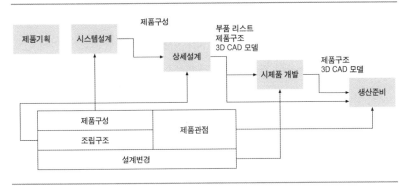

자료: 도남철(2014).

(사전제품 품질계획)가 만들어졌고 이를 바탕으로 QS9000 품질시스템이 제정되었다.

신제품 개발 프로세스는 시장 요구를 반영해 개발 제품의 주요 사양을 결정하는 제품기획 단계, 제품구성을 설계하는 시스템설계 단계, 부품과 제품구조에 대해 물리적으로 정의하는 상세설계 단계, 설계된 제품을 검증하는 시제품 개발 단계, 그리고 마지막으로 설계된 제품의 생산과 판매 이후 서비스를 위한 생산준비 단계로 구성되어 있다. 신제품 개발 프로세스와 함께 제품자료모델Product Data Model 의 개념도 중요하다. 제품자료모델은 현실 제품을 컴퓨터에서 효과적으로 표현하고 관리하기 위한 자료와 관련 연산에 대한 모델로써 대표적인 것이 ISO 국제표준인 STEP(Owen 1993)이다. 제품자료모델은 제품구조를 중심으로 제품자료를 표현하고 있는데 제품자료모델 상단에 단위 요소의 조합으로 다양한 제품을 구성할 수 있게 하는 제품구성Product Configurations 이 존재한다. 조립구조Assembly Structure 는 조립품과 이를 구성하는 부품과의 관계를 표현하는 구성관계로 제품을 표현한다. 제품구성과 조립구조로 표현되는 제품구조는 주로 설계부서에서 작성되는데, 이는 그대로 쓰이지 않고 각 응용 분야에 맞도록 변형되어야 하며 이를 표현하는 부분을 제품관점Product Views이라 한다. Brown사에 따르면 보통 한 개의 기업에 서로 다른 12개의 제품관점이 존재한다고 알려져 있다. 기획 단계에서는 F-BOM Forecast BOM을 활용해 제품 이미지를 형성화하고, 설계개발에서는 E-BOM Engineering BOM을 작성해 각 부문의 구성을 검토한다. 생산에서는 M-BOM Manufacturing BOM을 이용해 조달계획을 세우고 라이프사이클이 긴 항공기나 선박 등에서는 S-BOM Service BOM을 작성해 정비 서비스 전반에 도움을 준다. 제품자료모델의 맨 아래에 위치한 설계변경Engineering Changes은 제품구성과 조립구조에서 발생하는 제품구조의 변화를 기록하고 관리하는 제품변경의 유일한 창구이다.

시스템설계 과정에서 전체 시스템 구조가 결정되며 PLM은 그 결과물인 제품구성을 저장하고 관리하게 된다. 상세설계 목적은 제품생산 및 고객지원에 필요한 제품정보를 체계적이고 효과적으로 생성하는 것이다. 즉, 부품리스트, 제품구조, 3D CAD 모델을 생성하는 과정이다. 시제품 개발은 생산 이전의 설계에 따라 제품을 빠르게 제작·시험·분석해 설계가 제품 양산 시 문제가 없는지를 검증하는 과정이다. 이를 통해 다양한 설계변경이 이루어지므로 PLM은 설계변경을 효율적으로 표현하고 관리하게 도와준다고 할 수 있다. 생산준비는 설계된 제품의 생산과 고객지원 활동을 위해 부품, 계획, 시설, 자원을 준비하는 활동으로 이 단계에서 설계, 생산, 고객지원 간의 상호작용이 가장 많이 일어난다.

이와 같이 제품구성, 제품구조(조립구조), 설계변경, 제품관점 자료가 제품개발 각 과정에 따라 생성되며, 각 제품자료는 상호 간에 서로 일관된 관계를 유지하며 전체 제품자료를 완성시킨다(도남철, 2014).

표 8-1 PLM의 개념적 정의

구분	PLM의 정의
Batenburg et al.(2005)	기업이 제품을 관리하는 전체 라이프사이클을 통해 모인 자료들을 폐기 또는 재활용
CIMdata(2012)	확장된 개념의 엔터프라이즈(엔지니어링, 제조, 구매, 마케팅, 영업, 지원, 고객, 설계 업무 및 협력사)를 지원하며, 제품 또는 공장 폐기에 이르는 전 영역을 대상으로 사람과 공정, 비즈니스 시스템, 정보화를 통합하는 일관된 전략적인 비즈니스 접근법
Gartner(2006)	기업과 협력업체들에게 가장 큰 비즈니스 가치를 전달하기 위해 개념에서 폐기까지 제품을 가이드하는 프로세스. 아이디어에서 폐기에 이르는 과정을 지원해 제품군을 생성하고 진화시키는 데 필요한 공정을 지원하는 긴밀한 프레임워크를 갖는 소프트웨어
SAP	PDM의 확장된 형태로, 단순한 제품정보의 통합 관리가 아닌 제품 라이프사이클의 지원을 위한 각종 진보된 기능 및 설비, 자산, 품질, 환경, 안전, 보건에 대한 비즈니스 프로세스를 지원
IBM	기업이 목표로 하는 저비용, 고품질, 개발기간 단축에 대한 요구를 충족하면서 제품에 대한 설계, 생산, 유지보수에 이르는 전 공정에서 필요로 하는 모든 애플리케이션과 그에 따른 다양한 서비스를 함께 제공할 수 있게 하는 하나의 솔루션
UGS(현 SIEMENS)	제품을 계획하고 출시하고 고객을 지원하는 동안 제품 수명주기에 관여하는 모든 당사자들이 협력해 대규모 기업의 공동 작업을 편리하게 만드는 행위
PTC	제조업체와 그 파트너 회사, 그리고 고객들이 제품의 전 라이프사이클에 걸쳐 협업을 통해 제품을 개념화, 설계, 제작 및 관리할 수 있도록 해주는 종합적인 기술 및 서비스 프레임워크
HP	기업 내 혹은 연구개발부문의 정보관리에 그치지 않고 최신정보기술을 이용해 기획, 설계, 구매, 영업, 마케팅 및 A/S에 이르는 제품 라이프사이클 전반에 걸친 업무의 협력체계 지원 및 지식화

2 PLM 정의 및 발전방향

글로벌 PLM 시장조사 기관인 CIMdata에서는 PLM에 대한 정의를 다음과 같이 설명하고 있다.

PLM은 제품의 개념 설계에서 폐기까지 수명주기에 필요한 제품 정의를 생성, 관리, 배포, 적용하도록 하는 일관된 업무 솔루션을 응용한 전략적 접근 방법이다(http://www.cimdata.com).

그림 8-3 글로벌 PLM 솔루션 맵, CIMdata 분류 기준

구분		설명
cPDM	범용 cPDM (Collaborative Product Definition Management)	제품 정보 및 설계 프로세스 관리 솔루션
	특화 애플리케이션	특정 단위 기능 솔루션
	SI/VAR/Reseller (System Integration/ Value Added Reseller)	시스템 구축 및 S/W 리셀링
CAx	MDA (Mechanical Design Automation)	기구설계 자동화
	CAE (Computer Aided Engineering)	해석 및 시뮬레이션
	NC (Numerical Control)	공작 기계 제어
	EDA (Electrical Design Automation)	회로설계 자동화
	AEC (Architecture, Engineering, Construction)	건축물 및 플랜트 설계
	CASE (Computer-Aided Software Engineering)	소프트웨어 개발 지원
Digital Manufacturing		공정설계 및 시뮬레이션

하지만 PLM은 본질적으로는 제품정보와 비정형화되고 복잡한 제품개발 프로세스를 대상으로 하고 있다. PDM이 가지고 있던 제품수명주기 동안 상세설계에서 다루어지던 부품 리스트, 제품구조, 기술문서(도면)를 주로 지원하는 시스템 기능은 PLM의 핵심기능으로써 여전히 유효하고, 정보기술의 발전과 기업환경의 변화에 맞추어 계속 발전해 나가고 있다.

보전 중심의 설비관리 업무를 주로 다루던 CMMS 시스템이 설비 전체 라이프사이클을 관리대상으로 하는 EAM으로 확장되듯이 PDM도 제품수명주기 축상의 상세설계 앞뒤(기획 단계부터 생산·서비스 단계)로 기능이 확대되고 있다. 제품정보의 표준화를 주도하고 있는 ISO STEP PLCS Product Life Cycle Support

활동은 미래 PLM 방향을 예측해볼 수 있는 기준이 되고 있다. 미래 PLM 방향 첫 번째는 친환경제품 개발에 대한 요구로 재생과 폐기 단계의 정보까지 통합하려는 시도가 이루어지고 있다. 두 번째는 관리대상 자료의 확장을 들 수 있다. 전통적인 PDM 모델은 부품 리스트와 제품구조로 제품을 표시하고, 이를 기반으로 제품의 형상이나 기술사양을 문서로, 제품구성을 제품구조의 조합으로 표현하는 것이었다. 그러나 최근에는 단순 기계 부품 외에 S/W와 전자부품이 많이 사용되어 이들에 대한 제품자료도 확장·관리되어야 한다. 그 외에도 생산 시뮬레이션, CAE 자료 통합, 탄소배출이력 계산 등으로 관심 대상이 확장되고 있다. 마지막으로 SMAC Social Network, Mobility, Analytics, Cloud 같은

쉬어가기   PLM 도구

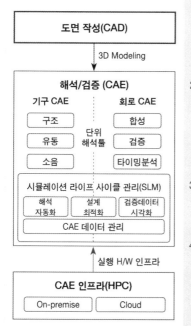

1) CAD: 기판 패턴 레이아웃이나 구조물의 차원(dimension)을 그리고 관리하는 드로잉 툴.
예) 다쏘(CATIA), 지멘스(NX), PTC(Creo)
※ 3D 그래픽엔진: TechSoft3D사

2) CAE: 드로잉은 물론 특정 분야의 솔버(Solver)를 내장하여 해석 및 분석이 가능한 툴.
- 기구 CAE: 앤시스(Fluent), MSC, 다쏘(Abaqus), 지멘스(NX Nastran)
- 회로 CAE: 시놉시스, 멘토, 케이던스

3) SLM: 해석 부문의 통합관리시스템.
예) Phoenix-int, 다쏘(i-Sight), 지멘스(HEEDS), IC Manage

4) HPC: 고성능 컴퓨팅(high-performance computing)은 고급 연산 문제를 풀기 위하여 시뮬레이션, 모델 및 분석을 통해 슈퍼컴퓨터 및 컴퓨터 클러스터를 사용하는 것. 예) AWS, MS Azure, 오라클, HPE

새로운 정보통신기술을 도입하려는 시도가 계속되고 있다.

3 PLM의 주요 기능

PDM 기능을 설명할 때 가장 많이 인용되는 응용모델은 〈표 8-2〉와 같은 CIMdata 제안모델이다. 계층적 구조를 가지고 있으며 맨 아래층의 사용자 기능은 PDM 시스템이 제공하는 가장 기본적인 기능이다. 맨 아래층의 또 다른 기능인 유틸리티 기능은 사용자 환경 및 타 시스템과 연계를 포함하는 보조기능이다. 모델의 두 번째 계층인 응용시스템 계층은 특정 응용을 목적 으로 기능계층에서 필요한 것들을 조합해 모델을 구성한다. 최상위 계층은 응용계층의 다양한 응용시스템이 특정 기업이나 산업에 적용되어 업무 솔루 션이 만들어진다.

① 기준정보: 일원화된 부품 관리기능을 제공하며 동일 사양에 대한 중복 등록을 사전에 예방하는 기능을 통해 중복관리에 따른 예산낭비를 방 지한다. 채번 Rule, 사양 항목 등 부품 분류별 표준화 관리와 부품에 대한 공급업체 및 업체별 인증상태를 관리한다. 플랜트별 가용 여부 및 상태, 단가관리와 함께 부품에 대한 추가 속성 관리를 담당한다.

② 문서관리: 편의기능 및 등록절차 간소화를 바탕으로 한 사용 활성화 및 통합검색을 통한 지식 재활용과 공유가 가능하다. 분류별 채번 Rule 지정과 표준문서관리 등 문서 분류체계를 관리하고 문서 참조처 에 관한 목록 정보 제공 및 개인·공유 작업장을 관리한다.

③ 도면관리: 회로(Altium, PADS) 및 기구(CATIA, Pro/E, Solidworks, Auto

표 8-2 PDM의 응용모델

업무 솔루션:
업무규칙, 업무기준, 성공사례

응용시스템:
제품구성관리, 문서관리, 협업관리, 프로젝트 관리

사용자 기능:	유틸리티 기능:
자료 저장소 및 문서 관리	의사교환 및 통지
워크플로와 프로세스 관리	자료전송 및 전환
제품구조관리	도면 서비스
기준부품 분류	관리기능
프로그램 관리	응용 프로그램 통합

자료: CIMdata(1997), 캐드앤그래픽스(2005)에서 재인용.

CAD) CAD에 대한 통합 및 배포 프로세스를 제공한다. BOM 및 각종 속성 정보와 첨부 파일의 자동추출 기능, 도면 이력·버전·권한 관리를 수행하고 도면 배포 프로세스를 제공한다. 이를 통해 CAD 수정 내역과 PLM 도면 간 정확한 동기화 기능을 제공하고 재정·개정 및 수정 등 도면 변경에 대한 통합 이력기능을 제공한다.

④ BOM 관리: CAD 도면 연계를 통해 E-BOM 자동생성과 ERP로의 이관에 관한 통합 프로세스를 지원한다. BOM 체크 기능으로 ERP 사전 검증과 PLM에서 ERP로의 이관 현황을 모니터링한다.

⑤ 설계변경관리: 도면 수정에 대한 BOM 변경내역 자동추출과 변경 이력 및 추적관리로 데이터 정합성을 확보한다. 설계변경 완료 시 BOM과 ERP에 즉시 반영하며 도면과 BOM, 실물 간의 정합성을 확보하는 관리체계를 제공한다.

⑥ 프로젝트 관리: 과제 제안부터 계획, 진행, 변경, 완료, 중단 등과 관련된 모든 프로세스를 지원한다. 과제 개요, 멤버, 개발비, 일정, 산출물, 과제 주요 변경 이력기능을 제공하고 단계별 점검과정Stage-Gate부터 상

세한 WBS 일정까지 관리하는 기능을 제공한다.

⑦ 개발품질: 제품·과제 유형별 템플릿에 기반을 둔 표준 시험계획서 관리 및 시험·결함과 과제 간 연계기능을 제공한다. 과제별 품질현황을 조회하고 과제 Gate 체크리스트와 시험 결과서 승인 및 결함 목표 완료율 달성 여부를 자동으로 연계한다.

⑧ 협업관리: BOM 공유 시점의 유효일 BOM 조회를 제공하며 외부 사용자가 조회 기간을 설정하는 것이 가능하다. 권한 통제 및 편의 기능을 통해 내외부 사용자 간 협업을 지원한다.

Chap 09   핵심 경영 인프라이며 혁신의 도구, ERP

1 개요 및 발전추세

ERP는 1970년대 제조업의 MRP Material Requirement Planning(자재소요계획), 1980년
대 MRP II Manufacturing Resource Planning(제조자원계획)에서 유래한 전사적 자원관리
시스템이다. 기능별·부서별로 경영정보를 제공하는 MIS와 달리 ERP는 통
합경영정보를 실시간으로 생성하고 공유한다. 가트너 그룹에서는 ERP를 '기
업 내의 모든 업무기능들이 조화롭게 발휘될 수 있도록 설계된 애플리케이
션들의 집합으로 차세대 업무시스템을 의미한다'고 정의하고 있다. ERP는
기업 내부 프로세스 및 정보를 통합 관리하며 업무 프로세스 모델을 내장해
BPR 기능을 가능하게 한다. ERP를 구축할 때에도 PI와 ERP를 연계해 구현
하는 다양한 방안이 있으나 최근에는 그중 PI와 ERP를 병행해 적용하는 방
법을 많이 활용한다. APICS(미국 생산재고관리협회)에서는 ERP 도입효과로

제품 95% 이상 적시 출하, 재고 10~40% 감소, 평균이익률 29% 개선, 구매 비용 5~10% 절감 등을 제시하고 있다. SRM, CRM 등의 확장형 ERP는 기존의 ERP와 인터넷을 바탕으로 기업 내외부의 거래 및 정보를 실시간으로 공유해 경영 효율화를 극대화한다.

ERP 벤더 중 글로벌 마켓의 20%를 차지하는 SAP는 1972년 독일에서 설립되었으며 6만 명 이상의 인력을 보유하고 있다. 최근에는 제품 및 애플리케이션 중심의 솔루션 제공에서 모바일, 클라우드, 인메모리In-Memory 등의 신기술을 적용한 이동성 제고의 방향으로 진화하고 있다. 글로벌 벤더는 기존 ERP 시장의 성장 한계를 고려한 Eco System 재구축, 확장형 ERP를 포함한 통합 서비스형 사업을 추진하고 있다.

비즈니스 환경이 글로벌화, 산업 표준화, 시스템 간 통합화, 구축 효율화로 변화하면서 ERP 3.0 시대에는 최신 비즈니스와 기술 동향에 발맞추어 표준 프로세스 도입의 확대 및 시스템 통합, SaaS 클라우딩 및 인메모리 기술 도입, 모바일 접목을 통한 이동성 제고의 방향으로 ERP 기술이 진화하고 있다. SOA와 BPPBusiness Process Platform 등을 활용해 기업 애플리케이션에 포함된 개별적인 기능들을 비즈니스 요구사항에 따라 신속하게 결합하고 재사용한 결과, 시스템의 구축 기간이 단축되고 비용이 절감되었다. 또한 기업이 관리해야 할 데이터양은 기하급수적으로 증가하는데 데이터에 기반을 둔 의사결정 시간은 점점 짧아지는 추세이며, 이러한 문제를 해결하기 위한 인메모리 기술 이용이 확대되고 있다.

SAP-HANA는 디스크 기반이 아닌 메모리 기반 DB 기술을 개발함으로써 기존에 사용하던 스택을 제거해 데이터 처리 속도를 빠르게 개선했다. 또한 방대한 양의 데이터를 실시간으로 검색하고 분석해 기업의 실시간 비즈니스 구현을 지원한다. PC 기반으로 운영되던 ERP 정보를 스마트 기기로

그림 9-1 ERP 시스템 발전단계

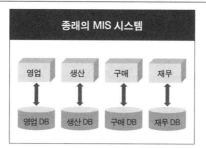

종래의 MIS 시스템

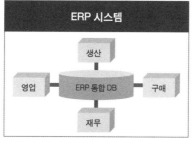

ERP 시스템

Extended ERP 시스템

확인하는 모바일 ERP의 도입도 확산되고 있다. ERP 데이터에 실시간으로 접근하는 한편 프로세스를 원격으로 손쉽게 처리하는 기능이 제공된다. SAP도 ERP/CRM/BI 패키지의 모바일 버전을 순차적으로 출시하고 있으며 ORACLE도 기업용 애플리케이션과 모바일 서비스 플랫폼을 동시에 제공하는 '기업 모빌리티 서비스EMS'를 발표했다.

2 ERP 표준 프로세스(SAP)

ERP 패키지의 대표주자인 SAP R/3의 각 모듈별 기능을 통해 표준 업무 프로세스를 살펴보면 〈그림 9-2〉와 같다.

① MDM(기준정보관리) 모듈: 전사 Master의 생애주기에 대한 거버넌스를 통해 기준정보의 정합성을 확보하고 대상시스템에 배포해 전사 프로세스의 언어를 표준화시키며, 모니터링으로 품질을 유지·관리하는 시스템이다.

② SD(영업관리) 모듈: 전사적으로 표준화된 주문처리 프로세스를 확립하고 다양한 판매 채널에 적합한 주문절차기능을 제공하며, 주문 진행 상황을 각 단계별로 관리함으로써 영업업무를 효율적으로 지원한다.

③ PP(생산관리) 모듈: 영업·유통의 주문정보 변화에 신속하게 대응하면서 생산현장과 구매의 효율화를 이루며, 설비가동관리 및 근태관리와의 연계를 통해 생산실적의 단일 입력체계를 구축한다.

④ MM(구매관리) 모듈: 물류센터의 재고계획과 공장의 생산계획을 연계하여 자재에 대한 구매요청, 발주, 입고 및 대금지급에 이르기까지의 과정을 통합 관리해 최적화된 구매관리체계를 구축한다.

⑤ QM(품질관리) 모듈: 품질관리 기준을 정립하고, 수입검사, 공정실적, 입고나 반품에 대한 품질검사 결과를 분석해 품질개선을 촉진하고자 하는 품질개선활동 관리시스템이다. 최적화된 품질관리체계를 구축한다.

⑥ PM(설비관리) 모듈: 설비의 정비이력 분석을 통해 설비의 점검주기, 표준작업절차를 정의하는 것으로 예방보전 계획을 통해 설비의 가용성을 높이고 자산의 효율성을 극대화하는 통합 설비관리체계를 구축한다.

그림 9-2 SAP Module 개요 및 프로세스 흐름도

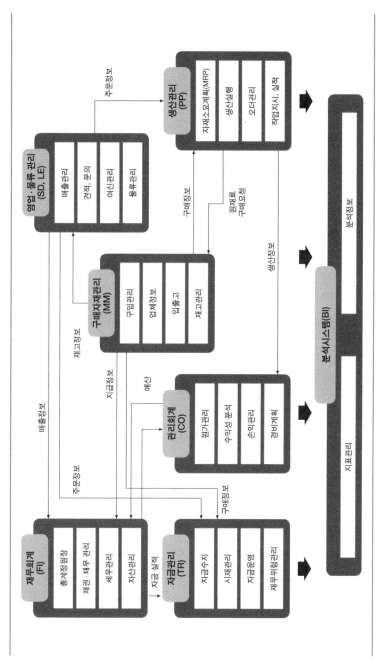

⑦ LE(물류관리) 모듈: 물류부문에서는 출하 및 재고의 이동계획에 따라 운송계획을 수립하고 진행이력을 관리한다. 운송비 정산에 이르기까지의 수송과 배송 전 과정을 통합적으로 관리해 최적의 물류관리를 실현한다.

⑧ FI(재무회계) 모듈: 전 모듈이 통합되어 실시간으로 정확한 회계정보를 제공할 수 있고 자금계획 및 실적을 자동으로 집계하며 결산일정 단축 및 연결재무 관리를 지원해 선진회계시스템을 구현한다.

⑨ CO(관리회계) 모듈: 원가 기준정보 및 프로세스 정립과 타 부문의 통합 연계를 통한 원가관리로 원가관리 수준을 제고하며, 다차원 수익성 분석 및 손익센터 회계를 통한 전략적 경영과 책임 경영 체제를 구현한다.

⑩ BI Business Intelligence: ERP 및 Legacy 데이터를 주제별로 통합 구성해 다차원 분석 데이터를 제공함으로써 전략적 의사결정을 지원한다. 또한 경영진을 위한 경영정보, 실무자를 위한 분석정보를 통합영역 및 분석영역과 함께 제공하고 있다.

3 업종별 당면 과제와 고객 가치

자원최적화 수단으로써 경영환경 변화에 대응하고 운영 효율성을 향상시키기 위한 ERP의 중요도는 계속 증가하고 있다. 글로벌 기업들은 기준정보 표준화와 프로세스 혁신을 통해 IT 인프라를 통합·최적화하고 있다. ERP는 업무 운영기준에 맞게 설계된 프로세스 및 룰을 시스템에 탑재한 핵심 경영 인프라이자 혁신 도구이다. 실물과 시스템 정보를 일치시키고 물동흐름과 재무정보를 동기화하며 경리와 관리결산 데이터를 일치시키는 데 목적이 있다.

국내 기업들은 1990년대 후반부터 ERP를 도입하기 시작했고, 2010년 무렵에는 증가하는 신규법인 때문에 Set-up 기간이 지연되어 지역별·법인별 프로세스 차이로 전사적인 실행속도 저하와 변화관리의 어려움에 직면했다. 최근에는 많은 기업들이 글로벌 One-Instance ERP 시스템으로 통합 작업을 완료하고 글로벌 통합 운영을 수행하고 있다. 언제, 어느 곳에서나 동일한 데이터에 실시간으로 접근해 동일 환경에서 업무를 수행할 수 있게 된 것이다. 주요 업종별 당면 과제와 ERP가 제공해야 할 가치를 정리하면 다음과 같다.

① 제조업종Manufacturing 의 당면 과제는 저성장 수익 악화 대응, 글로벌 SCM 기반 마련, 글로벌 가시성과 거버넌스 확보 부분이다. 신속한 의사결정 지원을 위한 구매·판매·재고정보의 실시간 트래킹Tracking 이 요구되며, 급격한 매출 증가 및 사업 다변화에 유연하게 대응할 수 있는 표준 프로세스가 필요하다.

② 화학업종Chemicals 은 글로벌 환경 규제와 글로벌 생산기지 및 판매망 확대, 설비 가용성 확보 대응이 필요하다. 유해물질(RoHS, REACH, CPSIA 등) 등 글로벌 화학 규제에 대한 리스크가 증가하기 때문에 이에 대한 대응과 프로세스, 기준정보의 표준화가 필요하며 제품 특성별 예측·계획·실적평가 체계를 함께 운영해야 한다.

③ 수주업종EC&O 은 프로젝트 손익관리와 견적대비 실행 동기화, 중간 손익 분석에 대한 요구가 증가하므로 공정과 원가를 연계해서 관리하고 실시간 멀티 프로젝트 원가집계가 글로벌로 가능해야 하며 수주를 위한 제안 프로세스가 효율적이어야 한다.

④ 유통·서비스 업종Retail/Service 은 판매채널 지원과 글로벌 손익분석 및 수

그림 9-3 Smart ERP 표준모델과 지원 플랫폼

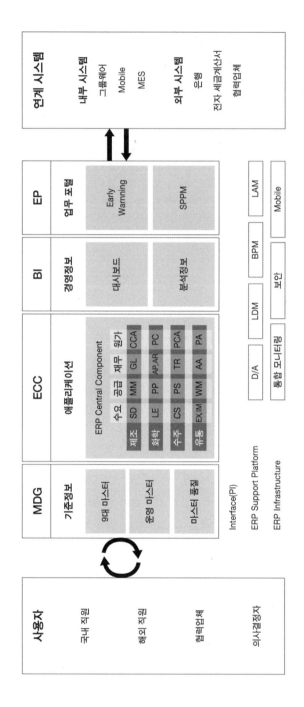

자료: 삼성SDS 'Smart ERP' Sales Material(2005).

요에 빠르게 대응하는 공급이 필요하다. 매출 규모와 사업장 개수 증가에 따른 사업장별 프로세스가 난립하기 때문에 물류 가시성을 확보하고 계획에 기반을 둔 물류운영 최적화가 필요하다.

ERP 추진으로 얻게 되는 효과는 경영 인프라 활용을 통한 글로벌 가시성 확보와 프로세스 통합성 향상, 운영효율 향상, 유연한 시장대응의 효과달성을 들 수 있다. 글로벌 가시성은 판매와 제조의 실시간 정보 공유와 글로벌 원가항목 및 특성이 표준화되고 사업부별 연결 재무제표를 산출하는 것을 말한다. 프로세스 통합은 법인 간 거래를 실시간으로 처리하고 결산기간을 단축해 향상할 수 있다. 운영효율은 적기출하와 재고회전율 향상, 재고·구매·물류 비용절감과 여신한도 설정 등 리스크관리 체계화를 통해 향상된다. 마지막으로 M&A와 신사업 등 사업 변화와 FTA, IFRS, 환경 등 규제에 대응하며 변화와 혁신체계를 글로벌하게 동시 적용해 유연한 시장대응을 할 수 있다.

Chap 10 물류를 관리하는 핵심 프로세스, SCM

1 출현 배경과 기본 사상

공급사슬Supply Chain 은 최초의 원재료에서 최종 완제품 소비에 이르기까지 공급자-사용자를 연계시키는 과정이다. 또한 제품을 생산하고 고객에게 서비스를 제공해 가치체인Value Chain 을 용이하게 하는 기업 내외부 기능이다. 공급사슬관리SCM 는 이러한 공급사슬 활동을 계획하고 편성하며 통제한다. 또한 SCM은 공동의 성과를 가능하게 해주는 규칙으로Rule 공급망이 가지고 있는 자원을 이용해 해당 공급망이 최대의 성과를 올리도록 하는 일과 방법론이다(http://www.apics.org).

SCM은 1980년대 미국에서 생겨난 개념으로 국내에서는 1990년대 미국계 컨설팅 업체와 IT 업체들이 이를 소개하면서 알려졌다. 이 개념이 본격적으로 꽃을 피우게 된 것은 인터넷과 IT 기술이 폭발적으로 발전하게 된

2000년대 전후라고 볼 수 있다. 그 전에는 기업의 정보시스템을 ERP가 담당하고 있었는데 ERP의 한계는 기업 내부에 한정된 업무 생산성 향상이었다. 영업, 생산, 구매, 물류, 회계 등 각 부서의 중복 업무를 없애 전체 업무가 실시간으로 공유된다는 장점이 있었지만 지금은 기업 자체의 경쟁력만으로는 살아남기 힘들다. 또한 ERP에는 계획을 수립할 때 설비제약이나 자재제약 등 생산의 제약요소를 반영할 수 없었고, 병목공정에 대한 최적화 기능도 지원되지 않아 시나리오별 시뮬레이션을 하는 것이 불가능했다.

SCM의 출현 배경은 앞에서 언급한 ERP의 한계 외에도 과잉주문이나 배치오더, 할인정책에 의한 채찍효과가 있다. 채찍효과는 소비자로부터 시작된 주문량의 미세한 변화가 소매상과 도매상을 거쳐 제조업체로 넘어오면서 과하게 부풀려지는 현상을 말하는데, 이는 결국 수요정보를 왜곡시켜 전체 공급망의 수익성을 떨어뜨리는 악영향을 발생시킨다. 배치오더는 배송이나 공급처 관리의 어려움 때문에 주문을 모아서 처리하는 것을 말하는데 이것도 유통재고를 쌓이게 만든다. 제조업체의 판촉행사나 대량구매 시 가격 할인 정책으로 도매상이나 소매상이 미리 추가 매입을 하는 것도 전체 공급망의 자원을 비효율적으로 운영하게 해 낭비를 초래한다. 미국은 전체 판매량의 약 25% 정도를 제조업체의 할인 정책에 의해 발생하는 유통재고로 보고 있다.

SCM 하면 가장 먼저 떠오르는 것이 재고감축과 비용절감인데 이는 결국 수요와 공급의 불균형으로 발생한다. 공급사슬의 관리원칙 중 하나인 지연전략Postponement 은 고객주문을 받기 전까지 제품의 실제 고객화를 지연하는 것을 뜻한다. 제조업자는 모든 고객이 공통적으로 사용할 부분까지 만들고 고객의 주문에 따라 달라지는 부분은 가급적 늦게 완성해 시장의 변화에 맞춰 단기간에 제품을 공급하는 방법이다. HP는 이러한 지연전략을 통해 실제 18%의 재고비용 감소와 연간 수백만 달러 이상의 비용절감 효과를 거두었다고 한다.

제조업 SCM의 기본 사상을 프로세스·시스템·조직 관점에서 살펴보면 다음과 같다. 기업의 경영은 개발관리·공급관리·고객관리·경영관리 활동으로 이루어지는데 모든 프로세스는 고객의 요구사항을 받아 신속히 대응하는 방향으로 끊임없이 개선된다. 이를 위해서는 전 공급망의 각 부문이 같은 정보를 공유하고, 이 정보에 기반을 둔 계획을 수립해야만 한다. 이렇게 검증된 수요를 바탕으로 제조부문과 구매부문에서 주요 자재와 생산자원을 준비함으로써 공급의 제약요소를 해소해 공급 가용성을 높이는 것이다. 또한 효율적 물류운영으로 고객 납기 만족도를 제고하며, 이러한 과정을 통해 자원운영의 효율화와 이익의 극대화를 추구할 수 있다. 이렇듯 SCM은 공급망 내의 정보 집중화를 통한 불확실성 감소와 수요-물류-공급의 동기화된 계획 수립, 글로벌 운영 최적화를 고려한 전략적 동시 공급 계획의 수립으로 공급망 내 가시성과 의사결정 속도를 높인다. 그리고 No Forecast No Allocation, 3일 확정체제, MRP대로 구매 발주, 정시/정량 생산실행 등이 SCM을 운영하기 위한 기본 룰이 될 수 있다.

시스템은 여러 제약조건을 감안한 계획 수립 도구인 APS Advanced Planning & Scheduling를 중심으로 해 SCM을 지원할 시스템들로 구성된다. 단납기 체제의 프로세스가 완성되고 APS를 중심으로 SCM을 지원할 시스템들이 구성되었다고 하더라도 조직의 구성과 변화관리가 이루어지지 않으면 일회성 이벤트로 끝나버릴 수 있다. 반드시 SCM 전담 운영 조직을 만들어 꾸준한 변화관리와 프로세스 선도 역할을 수행해야 한다.

2 제조 SCM 프로세스

제조 SCM 프로세스를 살펴보기 전에 가장 단순한 형태의 공급망 기본 용어를 살펴보면 〈그림 10-1〉과 같다.

① Forecast: 판매 예측값으로, 실제로 주문받은 영업오더(S/O)와는 다르지만 실제 현장에서는 영업오더를 포함한 해당 주의 전체 예측값으로도 사용한다.

② Demand: 판매법인(수요단)이 특정 주 차에 필요한 제품의 수량이다.

③ RTF: 공급 가능량Return to Forecast이다. 판매법인의 Demand에 대한 생산법인의 공급 가능한 수량이다. RTF 대신 RTD Return to Demand 라고도 하지만 통상적으로 RTF라고 한다.

RTF = 판매법인 재고 + 운송 중 재고(In - Transit) + 생산법인 재고 + 생산가능 수량(Capa)

④ Short: 공급이 불가능한 수량이다. 공급단의 대표적인 쇼트 원인Short Reason 에는 PLC Product Lifecycle (제품수명주기) 제약과 CAPA 제약 및 자재 제약이 있다. PLC 제약은 단종이나 개발 일정에 의한 제약을 의미하며, CAPA 제약은 생산능력에 의한 제약, 자재 제약은 주요 자재의 부족에 의한 제약을 의미한다.

Short = Demand – RTF

⑤ SOP Shipping and Operation Plan : 생산법인에서 선적하는 수량, 즉 선적계획이다. RTF 구성요소 중 생산법인 보유재고와 생산 가능 수량은 생산법인에서 판매법인으로 실어 보내야 할 수량이다.

⑥ BOD: 여러 개의 법인이 있을 경우 어떤 법인이 어디에 공급할 수 있는

그림 10-1 Demand, RTF, Short 관계

지를 정의한 경로Bill of Distribution 이다. 각 BOD 사이에는 운송리드타임이 나 운송비 등에 의한 우선순위가 있다.

⑦ GC, AP2, AP1 : 수요단의 구성요소이다. 판매자 계층 구조Seller Hierarchy 중 GC는 'Global Company'의 약자로, 본사의 Account, 지역별 최상위 판매전략 및 물량 할당 책임자, 본사의 전략마케팅 지역 담당자Area Manager를 의미한다. AP2는 'Allocation Party 2'의 약자이며, GC의 바로 아래에 위치하는 조직단위이자 AP1의 상위 조직 단위로 법인의 판매 책임자를 가리킨다. AP1은 'Allocation Party 1'의 약자로 수요예측 및 판매를 실질적으로 책임지는 최하위의 조직 단위이며 영업사원을 의 미한다.

⑧ Allocation(할당): 공급 가능 수량RTF 을 체크해 거래선 및 기종별(AP2/ AP1)로 분배하는 것이다.

⑨ ATP: Allocation 중 다른 거래선의 PO에 할당되고 남은 잔량으로 신 규 거래선 PO에 대해 납기약속을 할 수 있는 '약속 가능한 수량'이다.

⑩ 납기약속Order Promising: 거래선의 PO에 대해 ATP를 고려해 언제까지 얼 마만큼 공급할 수 있다고 약속하는 것이다.

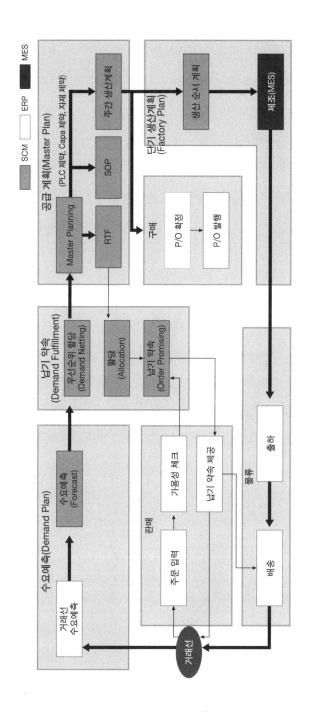

그림 10-2 SCM – ERP – MES 프로세스

수요예측DP 프로세스는 거래선 및 고객들의 수요를 예측해 Forecast를 확정하는 작업이다. 영업의 최전방에 있는 AP1이 계획을 수립하면 AP2는 이들의 계획을 모은 후 검토를 거쳐 조정 작업을 하고 다시 GC가 회사의 매출 목표 등을 고려해 최종 계획을 수립한다. 일반적으로 단기 구간에서는 AP1의 계획을, 중장기 구간에서는 AP2의 계획을, 장기 구간에서는 GC의 계획을 반영한다.

납기약속DF 프로세스는 고객의 주문을 입수해 이에 대한 공급 가능 수량RTF을 체크한 후 이를 기반으로 고객에게 납기약속을 하고 수주를 최종 확정하는 프로세스이다. 여기에서 고객의 수주는 영업오더Sales Order를 뜻하고, 공급 가능 수량을 체크해 납기 약속을 하는 것은 Allocation의 역할이다. Demand 우선순위 할당Demand Netting은 수요예측에서 확정한 Forecast의 우선순위를 정하는 프로세스이다. 이는 영업오더에 의해 확정된 Demand인지, Allocation된 것인지 여부에 따라 우선순위가 달라진다.

공급계획MP 프로세스는 납기약속으로부터 우선순위가 있는 Demand를 입력받아 생산 CAPA 제약, 자재제약, 설비제약 등을 고려해 계획을 수립한다. 그 결과 RTFReturn to Forecast, SOPShipping & Operation Plan 및 주간 생산계획을 생성한다. 이는 Demand에 대해 공급 가능한 수량과 선적량, 수량을 맞추기 위한 주 단위 생산량을 산정한다는 의미이다.

단기 생산계획FP 프로세스는 일 단위, 공정 단위별로 생산순서 계획을 생성하며, 공급계획에서 반영하지 못한 제조현장의 세부적인 제약이 반영된다.

SCM 프로세스를 통해 기업이 SCM에 기대하는 것은 결국 다음과 같다.

· 현지 시장별 적절한 수요 대응
· 전 세계의 재고 상황 한눈에 파악

· 재고 최적화 및 악성 재고를 사전에 예방

· 수요예측 능력 확보

· 빠른 의사결정 체제

3 공급사슬관리의 정보기술 기법

① ECR Efficient Consumer Response(효율적인 소비자 대응): 1992년 미국의 식품공급업체와 식품유통업체가 소비자 가치 증대를 목적으로 식품 위주의 공급사슬관리를 최대한 효율적으로 관리하려는 움직임에서 시작되었다. 기본적으로 식품취급업체에 POS Point-of-Sale System가 설치되어야만 효과적인 운영이 가능하다.

② QR Quick Response(신속한 대응): 식품의 공급사슬관리인 ECR과 비슷한 의류 위주의 공급사슬관리이다.

③ EDI Electronic Data Interchange는 공급사슬관리의 공급업체와 유통업체가 거래 행위에 대해 사전에 표준을 정하고, 이 표준화에 따라 컴퓨터로 정보를 주고받는 행위를 말한다. 주문서류, 납품서류, 대금청구와 관련된 모든 서류들이 사전에 약정한 대로 표준화되어 사람의 개입 없이 이동되는 것이다.

④ e-Procurement: e-Catalogue를 사용해 인터넷으로 조달하는 것을 말한다.

⑤ CPFR Collaborative Planning, Forecasting and Replenishment: 구매와 판매의 협업을 최적화하기 위한 것으로 구매 단계부터 판매 쪽 협업을 깊숙이 논의해 구매와 판매가 직결되도록 추진하는 방식이다. CPFR을 추진하면 채찍효

과를 줄일 수 있는 것으로 알려져 있는데 채찍효과는 초기에 판매물량보다 실제 가수요가 증폭했다고 오판해 구매물량을 늘리는 것이다.

이외에도 최근 SCM/물류에서 대두되고 있는 정보기술들이 있다. 우선 소비자 구매 패턴의 빅데이터를 분석해 소비자가 주문하기 전에 소비자 근처의 물류센터로 상품을 미리 전진 배치하는 '예측배송 서비스'가 그 예이다. 국내에서는 쿠팡이 '로켓배송'이라는 이름으로 예측배송 서비스를 시행하고 있다. 중국에서는 배송 효율을 높이기 위해 판매자·구매자·배송업체·배송경로 정보 등을 담고 있는 전자 배송 라벨을 도입해, 분류 오류를 도입 전 대비 40%가량 줄였다. 특히 정부가 만든 사문화된 주소체계 대신 알리바바Alibaba가 가진 개인정보 등에 기반을 둔 자체 주소 분류체계를 마련해 배송의 정확도를 높이고 있다. 아마존, 월마트, 알리바바 등은 드론을 이용한 택배 서비스를 개발 또는 일부 실현하고 있으며, 독일 물류업체 DHL은 '비전피킹Vision Parking'이라는 웨어러블 스마트 글라스를 활용한 증강현실AR기술을 물류창고 업무에 활용하고 있다. 국내에서는 삼성SDS가 가상현실VR기술에 기반을 두고 구현한 창고관리시스템을 물류시스템에 접목하고 있다.

4부

스마트팩토리, 미래 제조업 청사진

1부 스마트팩토리를 위한 업종 지식

Chap 01 제조란 무엇인가?
Chap 02 기업의 자원계획모델
Chap 03 자재수급과 재고관리
Chap 04 제조실행 및 통제

2부 스마트팩토리, CMMS/EAM에 말을 걸다

Chap 05 제조의 기본, TPM과 3정5S
Chap 06 설비자산 운용 최적화를 위한 CMMS/EAM

3부 스마트팩토리, 제조 IT 솔루션에 길을 묻다

Chap 07 스마트매뉴팩처링의 핵심, MES
Chap 08 PLM이 이끄는 스마트매뉴팩처링
Chap 09 핵심 경영 인프라이며 혁신의 도구, ERP
Chap 10 물류를 관리하는 핵심 프로세스, SCM

4부 스마트팩토리, 미래 제조업 청사진

Chap 11 제조업 르네상스
Chap 12 스마트팩토리 핵심 인프라
Chap 13 스마트팩토리 표준화 동향

Chap 11 제조업 르네상스

1 생산을 둘러싼 환경의 변화

지금까지는 제조업종과 관련한 이론 지식을 살펴보았다. 기업의 주요 프로세스에는 개발, 구매, 제조, 물류, 마케팅, 판매, 서비스, 경영관리 등 여러 가지가 있지만 그중에서도 물건을 만들어내는 공장에서 가장 중요한 활동은 제조 프로세스이다. 굳이 최근이 아니더라도 제품만 만들어내면 팔리던 시대는 오래전에 끝나버렸다.

공급 중심의 경제체제에서는 대량생산을 통해 많이 만들기만 하면 되었지만 근래에는 시장에서 요구하는 제품을 제때에 적합한 품질로 공급하지 않으면 기업의 존립 자체가 위태로운 실정이다. 시장에서 자주 바뀌는 고객의 수요에 대응하기 위해 다품종 소량생산을 넘어 경우에 따라 하나의 배치 단위(1Lot)로 품종을 바꾸어 생산하는 시대가 도래할지도 모른다.

표 11-1 스마트팩토리의 제조 단계별 모습

기획·설계	제작 전에 제품성능을 가상공간에서 시뮬레이션을 함으로써 제작기간 단축 및 소비자 요구 맞춤형 제품개발
생산	설비−자재−관리 시스템 간 실시간 정보교환으로 한 개 공장에서 다양한 제품생산 및 에너지·설비효율 제고
유통·판매	생산 현황에 맞춘 실시간 자동수주 및 자동발주로 재고비용이 획기적으로 감소하고 품질, 물류 등 전 분야에서 협력 가능

자료: 한국표준협회(2015).

당장 현장에 적용하기에는 생산효율, 장납기 원자재 공급 등 여러 가지 측면에서 무리가 있어 보여도 이러한 시장의 변화를 생산에 반영하기 위한 기업들의 노력은 오래전부터 계속되어 왔다. PLC+HMI, DCS, SCADA에서부터 MES, PLM, ERP, SCM 등 각 업무별로 특화된 제조 IT 솔루션을 활용해 개인 맞춤화된 대량생산이 가능하도록 지속적으로 노력하고 있다.

스마트팩토리로의 변신은 제조기업이 원하든 원하지 않든 생존을 위한 필수 조건이 되었다. 생산성 향상, 에너지 절감, 인간 중심의 작업환경, 개인 맞춤제조, 제조·서비스 융합 등 새로운 제조·비즈니스 환경에 능동적으로 대응하고 센서, 액추에이터, 모바일 디바이스 등 물리적 세계의 사물이 사이버물리시스템CPS이라는 매개체를 통해 인터넷상의 생산 및 재고관리, 고객관리 등의 서비스와 연결되는 스마트화 방향으로 진화·발전하고 있다.

그러나 생산시스템만 스마트하게 구비했다고 해서 스마트팩토리가 저절로 달성되는 것은 아니다. 여러 단위기능들이 유기적으로 연계되고 시장의 변동요인이 생산전략에 반영되어 제조현장까지 적용되어야만 스마트공장으로 불릴 수 있다. 따라서 성공적인 스마트공장으로의 변신을 위해서는 ICT 시스템이 아닌 생산체계 시스템으로 보아야 하며, 관리의 편의성이 아닌 생산실행의 관점에서 추진되어야 한다.

표 11-2 스마트팩토리의 다양한 정의

기관	정의
산업부	제품의 기획, 설계, 생산, 유통, 판매 등 전 과정을 IT 기술로 통합해 최소 비용·시간으로 고객 맞춤형 제품을 생산하는 공장
미래부	그동안 제조업 분야에서 작업자의 경험과 수기에 의존해왔던 작업 공정 모니터링과 기록이 각종 스마트센서 및 소프트웨어를 통해 생산이 자동으로 이루어지는 지능화된 공장
정보통신 산업진흥원	ICT 기술로 네트워크에 연결된 기기끼리 자율적으로 공동 작업하는 M2M 네트워크를 통해 얻을 수 있는 빅데이터의 활용 제조실행시스템(MES)과 PLM, ERP, SCM, 판매 등 업무시스템과의 연계
산업기술진흥원	신제품의 신속한 제조, 제품 수요의 적극적 대응, 생산 및 공급사슬망의 실시간 최적화를 가능하게 하는 첨단 지능형 시스템의 심화 적용
표준협회	제품 생애주기 및 가치사슬 전 과정에 실시간 최적화를 가능하게 하는 유연함과 상호 운용성을 갖춘 지능형 제조, 운영 및 관리 기술이 시스템화되어 적용된 공장
독일인공지능연구소 (DFKI)	스마트한 사물인터넷(Internet of Things) 기술을 기반으로 공장 안의 모든 요소가 유기적으로 연결되어 지능적으로 운영되는 공장
로크웰 오토메이션	스마트 사물(Things)을 통해 공장에서 생성된 필요한 정보들이 IT 표준 네트워크를 거쳐 적절한 곳으로 전달되고 분석되어 자동으로 혹은 의사결정으로 공장 전체를 최적화하는 것

최근에는 제품 사이클이 짧아지는 추세에 맞춰 제품을 소비하는 지역에서 물건을 생산하는 방식으로 제조업 규칙이 바뀌고 있다. 1993년 고임금 때문에 독일 공장을 모두 폐쇄하고 중국, 동남아로 공장을 옮겼던 아디다스는 23년 만에 독일로 돌아왔다. 아디다스가 'Made In Germany' 신발을 만들기 위해 세운 공장의 이름은 '스피드팩토리Speed Factory'이다. 사람 대신 로봇이 원단을 오리고, 3D 프린터를 이용해 부품을 만들어 꿰매고 붙인다. 이 공장을 만들기 위해 아디다스와 독일 정부, 아헨공과대학교는 3년 넘게 합작했고 소프트웨어·센서·프레임 제작업체 등 20곳 이상의 기업이 공장시스템 구축에 참여했다. 스피드팩토리 같은 제조공정 혁신은 제조·유통 비용을 크게 줄이는 것이 가능하다. 로봇 생산을 이용하면 제조에서 배송까지 걸리는 시간을 6주에서 24시간으로 단축할 수 있다. 그래서 인건비가 싼 나라에

그림 11-1　전통 신발공장

대규모 공장을 짓는 대신 시장이 있는 곳에 완전자동화된 중소형 공장을 짓는 것이 새로운 유행이 될 것이다.

중국과 베트남의 신발공장은 15년 전만 하더라도 1만여 명의 작업자가 생산라인을 꽉 채우고 거의 대부분 수작업을 했고, 그때까지만 해도 신발공장의 자동화는 불가능할 것이라고 여겨졌다. 하지만 독일 안스바흐의 아디다스 스피드팩토리는 현재 두 개의 생산라인에 설치된 여섯 대 정도의 로봇으로 운영된다. 한 라인은 신발 밑창 부분Sole 을 만들고 다른 라인은 신발 갑피 부분Upper 을 만든다. 한 켤레의 신발을 만드는 데 대략 5시간이 걸리며, 단지 10명의 근로자가 연간 50만 족(켤레)의 생산량을 올리고 있다. 아디다스의 동남아 공장에서는 현재 같은 공정에서 신발 하나를 만드는 데 3주가 걸린다. 이 공장에서 50만 족을 만들려면 공장 근로자 600여 명이 필요하다. 아디다스는 2017년 애틀랜타, 2018년 일본에 스피드팩토리를 세우겠다고 계획하고 있다. 애틀랜타 공장은 자동화를 더욱 발전시켜 160여 명이 1800만 족을 생산하게 할 예정이다.

다른 신발공장처럼 똑같은 소재, 똑같은 디자인의 신발을 계속 찍어내는 것이 아니라 고객이 주문하면 홈페이지를 통해 로봇이 원단 직조에서 마감까지 순식간에 만들어낸다. 신발 스타일, 깔창, 소재, 색깔, 심지어 신발 끈까지 고객 한 명이 원하는 맞춤형 Customized 으로 생산된다. 나이키도 소비자의 요구를 더욱 빨리 반영하기 위해 디자인부터 상품이 매장에 진열되기까지의 시간을 대폭 단축한 새로운 생산시스템 '익스프레스 레인Express lane'을 전면적

표 11-3 2016년 아디다스 공장 생산성

(2018년 현재 매년 3억 100만 족 생산 중)

구분	리드타임	생산성	비고
동남아 공장	3주	50만 족/년, 600명	
안스바흐 공장(독일)	5시간	50만 족/년, 10명	2개 라인
애틀랜타 공장(미국)	5시간	1800만 족/년, 160명	2017년 예정

으로 선보이고 있다. 생산을 둘러싼 환경이 급격히 변화하고 있는 것이다.

2 서비스업으로 진화하는 제조업

프로비스Provice 란 '상품Product'과 '서비스Service'를 합친 단어로 제품과 서비스를 함께 팔거나 제품을 판 뒤 관련 서비스를 추가로 파는 것을 말한다.

GE는 산업혁명과 인터넷혁명 이후 제3의 혁명이 산업인터넷이라고 설명하며, 이것을 사물 및 데이터를 인간과 연결하는 글로벌 오픈네트워크로 정의한다. 현실세계 사물에 설치된 센서로 데이터를 수집하고 이를 해석해 비용절감·효율화·최적화로 이윤을 창출하며, 마이크로팩토리(극소 공장)를 실현하고자 한다. 산업인터넷은 제조업뿐만 아니라 에너지, 헬스케어, 공공, 운수 등 다섯 개의 영역을 대상으로 하는 프로젝트이기도 하다. GE, 인텔, 시스코, IBM, AT&T 등 다섯 개사가 협력해 창설한 산업인터넷컨소시엄IIC: Industrial Internet Consortium 이 주도하고 있으며, 이미 100개가 넘는 미국, 유럽, 일본, 중국 기업이 참여(2015.1 기준)하고 있다. GE 보고서를 보면 '1%의 위력 Power of Just One Percent'이라는 말이 나오는데, 제조 산업은 운영비 비중이 크기 때문에 생산성 혁신으로 단 1%의 효율만 높여도 엄청난 비용절감과 효과를 얻을 수 있다는 이야기이다. GE 분석에 따르면 항공 산업에서 1%의 연료만 절감해도 15년 동안 300억 달러를 절감할 수 있다. 가스 발전에 의존하는 전 세계 공장에서 연료 효율 역시 1%만 높이면 같은 기간 660억 달러를 절감할 수 있다. 또한 주력 사업인 항공기 엔진에 기존보다 효율적인 CPS를 적용하는 항공법을 제안하고 있다. GE가 생산하는 기관차는 20만 개 부품으로 구성되고 250개 센서가 있으며 한 시간에 900만 개의 데이터를 발생시킨다. 이러한 센서로부터 데이터를 수집해 장애 포인트를 인식하고 유지보수 계획을 수립해 기관차의 운행 중지 시간을 최대한 줄이고 있다. 또한 차량 기지에 있는 화물 차량의 위치 설정과 관리를 통해 운송 비용을 절감하고 기관차 운행 계획 수립에도 사물인터넷을 활용하고 있다.

　GE의 차세대 엔진인 'GEnx'가 장착된 보잉787 여객기는 매일 테라바이트 단위의 데이터를 생성한다. 기존에는 운행 중의 모든 데이터를 항공기에 저장하고 항공기가 착륙한 후 운행 중에 발생했던 정보를 다운받아 지상에 있는 데이터베이스에 저장하는 방식이었다. 따라서 항상 과거의 정보만을 접해야 했다. 또한 2000시간을 운행하고 나면 항공기에 장착된 엔진을 모두 분해해 재정비해야 했기 때문에 재정비에 소요되는 시간과 경비가 상당했다. 사물인터넷 시대에는 여객기에 장착된 센서와 구동 장치가 인터넷에 연결되어 있어 비행 중의 정보들을 즉시 지상으로 전송하게 된다. 여기에는 항공기의 연료 재고량, 연료 소모 기록, 엔진 상태 및 운항 경로 등에 대한 데이터가 모두 포함되어 있다. 따라서 사물인터넷을 활용하면 실시간으로 모든 여객기의 현재 운행 상태에 대한 정보를 수집하고 분석할 수 있고, 운행 시간 단축을 위한 속도 조정, 연료 소모량 제어, 엔진 수명 진단 등으로 효율의 극대화를 도모할 수 있다. 더 나아가서는 예측되는 엔진의 이상 징후를 조기에 발견할 수 있어 매 2000시간 운행 후 일률적인 엔진 분해와 재정비의 필요성이 감소된다. 이러한 결과로 항공 연료의 1.5%, 즉 약 1500만 달러의 절약이 가능할 것으로 예측된다. 서비스적인 측면에서는 매년 1000건에 달하는 지연 출발이나 항공편 취소를 사전에 예방할 수 있다. 물론 이러한 배경에는 사물인터넷을 통해 수집되는 방대한 양의 데이터를 실시간으로 분석하기 위한 빅데이터 기술이 필수적으로 수반된다. 브라질 공항은 GE의 RNP Required Navigation Performance 시스템을 도입했다. 이는 항공기 곳곳에 센서를 달아 항공기의 움직임을 실시간으로 파악한다. 그리고 항공기에 쌓인 빅데이터를 분석해 운항 경로와 기존의 운항 데이터를 바탕으로 최적의 경로를 알려준다. 이를 통해 항공기의 최단거리 경로를 파악하고 연료 절감을 할 수 있게 된다.

롤스로이스사는 1906년 설립된 이래 엔진을 핵심역량으로 키워왔다. 또한 사물인터넷과 빅데이터를 활용해 제조업의 기본 사업모델에서 벗어나 엔진에 대한 '서비스화(토털케어 서비스)'로 새로운 수익모델을 창출했다. 롤스로이스의 엔진 모니터링팀 Engine Health Monitoring Unit 은 데이터를 분석하는 전문가 집단이다. 항공기, 선박, 헬리콥터 등 롤스로이스의 모든 엔진에 센서를 내장해 엔진을 가동하는 부품과 시스템의 데이터를 수집하고 온도·압력·진동·속도 정보를 실시간으로 롤스로이스 본사에 전송한다.

전 세계의 엔진 데이터가 모이는 롤스로이스 영국 본사에는 25~30여 명의 엔지니어가 엔진의 상태를 모니터링하고 전송되는 데이터를 분석한다. 데이터 분석을 통해 엔진에 작은 이상이라도 감지되면 원인에 대한 조치가 실시간으로 이루어진다. 엔지니어들에게 전송되는 데이터는 연간 10억 건을 넘는다. 2006년 이미 3000여 개의 엔진에 센서가 부착되었고, 인공위성을 통해 데이터를 실시간으로 전송받으며 이를 분석하기 시작했다. 최근에는 데이터를 분석하는 알고리즘이 고도화되면서 에러가 발생하기 전 사전적인 조치가 취해질 수 있도록 진화하고 있다.

롤스로이스는 서비스 사업을 더욱 키우기 위해 지속적으로 새로운 시도를 하고 있다. 엔진 속 상황을 시각적으로 바로 확인할 수 있도록 엔진 코어에 섭씨 2000도에도 견딜 수 있는 CCTV를 설치하고, 엔진 속에 있으면서 실시간으로 수리하는 스네이크 로봇을 2014년에 도입했다. 엔진에 센서가 내장되고 엔지니어들과 소통이 가능해지면서 기존에는 단순한 부품의 조합이었던 엔진이 살아 숨 쉬며 말할 수 있게 된 것이다.

IoT의 전방위적 보급 확산이 소기의 성과를 거두기 위해서는 스마트센서와 데이터 분석 및 활용이 필수이다. 이 부문의 선두주자인 IBM Watson 연구소가 개발하고 있는 데이터 분석시스템 Analytics 라이브러리는 제조 산업의 자원 및 운영관리와 관련된 다양한 문제들의 해결을 지원하는 것으로 전자, 반도체, 자동차, 석유·화학, 오일·가스, 에너지·유틸리티, 그리고 광업 및 금속 등 다양한 제조 산업을 주요 적용 대상으로 한다. 제조 산업용 분석시스템 라이브러리는 예지적 자산관리, 공정 및 장비의 예지적 고장관리, 공정 및 장비 모니터링, 데이터 분석 및 최적화, 예지적 환경 분석시스템, 안전 및 효과적 운영을 위한 시공간적 분석과 같은 첨단 분석시스템들을 포함하고 있다.

국내 업체들도 물류·제조·마케팅 과정에서 축적된 빅데이터를 사업에 적용하는 데 속도를 내고 있다. 한국전자통신연구원ETRI에서는 사물인터넷 기술을 활용해 열차 탈선을 미리 예방할 수 있는 기술을 개발했다. 지금까지의 열차 탈선 주범은 바퀴의 베어링 부분이 축에 달라붙어 발생하는 열이나 심하게 이는 진동이었다. 이 때문에 선로의 40km마다 베어링의 온도를 측정해 유선으로 위험을 알려주고 있지만 지속적인 모니터링은 어려운 상황이다. 이에 열차가 움직일 때 발생하는 진동 에너지원을 이용해 전력을 생성하고, IoT 기술을 적용한 무선 센서 기술을 사용하여 연 6000억 원에 달하는 열차 유지보수비를 10%가량 줄일 계획을 하고 있다.

삼성SDS도 고성능 분석함수 및 모델을 갖춘 자체 빅데이터 분석 솔루션 '브라이틱스Brightics AI'와 클라우드 기반의 개방형 공통 플랫폼 '브라이틱스 IoT'를 바탕으로 품질수율 분석, 불량 원인 탐색, 설비 진단 등의 업무를 수행해오고 있으며, 실제로 한 건당 수시간 걸리던 분석 소요시간을 20분 내외로 대폭 감소시켰다. 또한 물류 플랫폼인 '체로플러스Cello Plus'와 결합시켜 수만 개의 경로와 선박, 가용 예산, 날씨, 재난 등의 이벤트 정보를 분석해 최적의 경로를 제공하고 유사시 피해를 최소화하기 위한 예측기능 등을 제공하고 있다.

3 각국의 제조업 르네상스

2008년 글로벌 금융위기 이후 세계 각국은 제조업 르네상스를 통한 첨단 제조업 육성 정책을 강화하고 있다. 그동안 금융·서비스업을 통한 시장경제 시스템을 성공 방정식으로 받아들였으나 글로벌 금융위기와 유럽 재정위기 이후 마치 도박판처럼 변한 카지노 경제시스템에 근본적인 의문을 제기하고 있다. 글로벌 위기를 겪은 선진국 중에서도 독일이나 중국처럼 제조업이 강한 국가의 경기가 빠른 속도로 안정화되면서 제조업이 탄탄한 국가가 위기에 강하다는 인식이 확산되고 있다.

독일은 인더스트리 4.0을 통해 민간 합동으로 미래 제조업 시장을 주도할 구상을 하고 있다. 독일은 제조업 기술의 리더이자 세계 2위 수출국이지만 신흥국과의 저가 생산 경쟁, 중국과 한국 등 후발주자의 기술 추격에 위기를 느껴, 생산 패러다임의 변화를 통한 제조업 경쟁력 강화와 고부가 제품 시장 장

표 11-4 주요국의 제조업 혁신정책 및 주요 추진과제

국가	내용
독일	Industry 4.0(2012~) · 국가 10대 미래전략의 일환으로 민·관·학 연계를 통한 제조업 혁신 추진 · 제조업과 ICT 융합을 통한 스마트공장 구축, 첨단기술 클러스터 개발
유럽연합	Factories of the Future(2013~) · 2020년까지 역내 제조업 비중(15%→20%) 향상, 600만 개의 고용 창출 · 사물인터넷, 가상현실 등을 기반으로 둔 전 제조공정의 유연화, 네트워크화
미국	Remaking America(2009~) · 제조업 발전 국가협의체 'AMP(Advandced Manufacthring Partnership)' 발족 · 3D 프린팅 등 첨조 제조기술 혁신, 산업용 로봇 활성화 추진
일본	산업재흥플랜(2013~) · 제조업 중심의 산업경쟁력 강화 위해 '산업경쟁력강화법' 제정 · SIP 10대 후보 과제: 에너지, 차세대 인프라, 혁신적 설계 생산기술 등
중국	중국 제조 2025(2015~) · 향후 30년간 세 단계에 거쳐 산업고도화를 추진하는 전략목표를 제시 · 제조혁신능력 센터, 스마트 제조, 첨단 설비 등에 관한 중점 프로젝트 시행
한국	제조업 혁신 3.0(2014~) · 융합형 신제업업 창출, 제조혁신 기반 고도화 · 20년까지 중소·중견 기업을 대상으로 1만 개 스마트공장 시스템 보급

자료: 산업통상자원부(2015b), 현대경제연구원(2014), 산업은행(2015) 등을 참고해 작성.

악으로 마켓 리더십을 유지하는 End-to-End 리더십 전략을 채택하고 있다.

독일은 2006년 시작된 국가 하이테크 비전 2020의 액션플랜에 에너지, 환경, 통신 외에 인더스트리 4.0을 2012년에 새로 편입시켰고, 이를 추진하기 위해 2억 5000만 유로 규모의 국가 프로그램을 운영하고 있다. 또한 사물인터넷IoT, 사이버물리시스템CPS, 스마트팩토리 등 산학연구 프로그램을 운영해 국가 차원의 기술표준을 개발하고 시범모델을 운영한다. 특히 스마트팩토리 프로젝트는 독일인공지능연구소DFKI: Deutsches Forschungszentrum für Künstliche Intelligenz•

• 1988년에 설립된 인공지능 기반의 혁신적인 SW 기술연구소로 세계에서 가장 큰 비영리 연구 기관 중 하나이다. 주주로 MS, SAP, BMW 등이 있으며, 독일 인더스트리 4.0 전략의 청사진을 제시했다.

주도하에 지멘스, 보슈 등 산업계, 시스코 등 해외 기업, 스웨덴과 스페인을 포함한 다국적 대학 등이 참여하고 있다.

미국은 셰일가스 혁명을 통한 리쇼어링 정책을 추진하고 있다. 45개 제조업 혁신 연구소를 건립하고 제조업 발전을 위한 국가 협의체인 첨단제조 파트너십AMP: Advanced Manufacturing Partnership을 운영하며 과학기술 단체를 통해 수억 불 규모의 연구개발 투자를 실시하고 있다.

일본은 2013년 산업재흥플랜을 통해 산업경쟁력강화법을 제정하고 기업 실증특례 등 파격적 신산업 규제를 혁파하고 있다. 중국도 12차 5개년 계획 내의 7대 전략사업 분야에 생산장비 고도화 및 정보통신 진흥을 위한 계획을 수립하고 IoT 센터를 설립해 CPS 연구 등에 1억 1700만 달러를 펀딩하는 등 적극적 입장을 취하고 있다.

4 인더스트리 4.0, 독일의 스마트팩토리 청사진

2011년 4월 하노버 산업박람회에서 독일 정부 관계자들이 처음 언급한 후 이듬해 10월 독일 정부의 '하이테크 전략 2020'에 편입된 인더스트리 4.0은 미래형 스마트공장의 표본으로 자주 언급된다. 전前 SAP 회장이며 독일 공학아카데미 회장인 헤닝 카거만Henning Kagermann이 2010년 소수의 학자와 함께 독일 정부에 최초로 제안한 개념이다. 이는 제품의 기획·설계, 생산, 유통·판매 등 전 과정을 ICT 기술(정보통신기술)로 통합해 최소 비용과 최소 시간으로 고객 맞춤형 제품을 생산하는 미래형 공장이다. 제조의 모든 단계가 자동화·정보화되고 가치사슬 전체가 하나의 공장처럼 실시간으로 연동되는 생산체계를 지향한다. 과거의 경직된 중앙집중식 생산체계(인더스트리

3.0)에서 모듈 단위의 유연한 분산·제어 생산체계(인더스트리 4.0) 구현을 목표로 한다. 인더스트리 4.0에서는 핵심기술 두 가지로 사물인터넷IoT: Internet of Things과 사이버물리시스템CPS: Cyber Physical System을 꼽는다. 사물인터넷 기반의 가상물리시스템CPS을 통해 사이버 공간에서 사업 제반 활동을 실현하는 것을 궁극적인 목표로 한다.

인더스트리 4.0으로 대변되는 스마트공장은 공장 자체만의 연결이 아닌 사람과 사물, 프로세스와 프로세스의 연결이 핵심이다. 아직까지는 주목할 만한 적용 사례가 있지 않지만, 제조 선진국에서는 CPS를 통해 지금까지 어느 누구도 경험하지 못한 가상과 현실 공간을 연결하는 '사이버 – 물리 시스템' 기반의 산업자동화시스템으로 서서히 변신을 시도하고 있다.

독일은 신흥국의 원가경쟁력과 선진국의 기술 추격을 따돌리고 제조업 주도권을 유지하기 위해 4차 산업혁명에 버금가는 구상을 하는 중이다.

- 제조업을 어떻게 자국에 유치할 것인가?
- 저가 생산국과 어떻게 경쟁할 것인가?
- 현재의 기술 리더십을 어떻게 보존할 것인가?
- 인구고령화, 고임금문제, 노동의 고도화는 어떻게 이룰 것인가?

18세기에는 증기기관의 발명, 기계식 생산방식 도입(1784년 최초의 기계식 방직기)으로 생산성이 크게 향상되어 1차 산업혁명(인더스트리 1.0)이 시작되었고, 19세기 컨베이어 벨트(1870년 최초의 컨베이어 벨트 시스템을 적용한 신시내티 도축장)가 자동차 공장에 도입되고 증기기관을 대신하는 전기 동력이 공장에 들어오면서 분업과 자동화 생산이 급속히 확산되는 2차 산업혁명(인더스트리 2.0)이 도래했다. 1970년대부터 현재까지는 IT와 로봇, 컴퓨터를

그림 11-2 산업혁명의 흐름

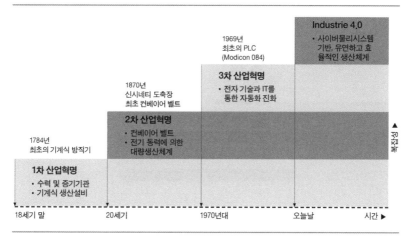

세로축: 복잡성 ▲

- 1784년 최초의 기계식 방직기
- 1870년 신시네티 도축장 최초 컨베이어 벨트
- 1969년 최초의 PLC (Modicon 084)

1차 산업혁명
- 수력 및 증기기관
- 기계식 생산설비

2차 산업혁명
- 컨베이어 벨트
- 전기 동력에 의한 대량생산체계

3차 산업혁명
- 전자 기술과 IT를 통한 자동화 진화

Industrie 4.0
- 사이버물리시스템 기반, 유연하고 효율적인 생산체계

18세기 말 | 20세기 | 1970년대 | 오늘날 | 시간 ▶

자료: www.dfki.de

통한 자동화 대량생산체계(1969년 최초의 Programmable Logic Controller)가 주류를 이루고 있는 3차 산업혁명(인더스트리 3.0) 시기이다. 인더스트리 4.0 은 기계와 사람, 인터넷 서비스 상호 연결로 가볍고 유연한 생산체계가 구현 되어 다품종 대량생산이 가능한 생산 패러다임의 진화를 말한다. 4차 산업 혁명기에는 ICT 및 제조업의 융합으로 산업기기와 생산과정 모두 네트워크 로 연결되고 상호 소통하면서 전사적 최적화를 달성할 것으로 기대된다.

독일 정부는 2012년부터 CPS에 기반을 둔 제조업 강화 프로젝트인 인더 스트리 4.0을 전략적으로 추진하고 있다. 생산설비, 원부자재. 제품 등 개별 생산요소에 모두 IP를 할당해 정보를 실시간으로 수집·관리한다. 또한 시장 요구나 물류 등 외부 환경에 유연하게 대응해 개발, 제조, 유통 등의 프로세 스 최적화를 실현한다. CPS 플랫폼을 기반으로 소비에서 생산까지 제조과 정 전반을 종합적으로 파악함으로써 더욱 효율적인 생산시스템을 구축해 차

그림 11-3 인더스트리 4.0 기능구성도

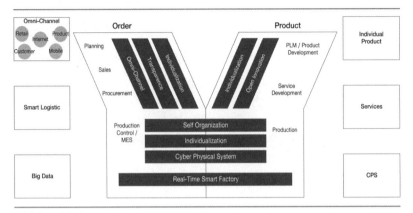

자료: Scheer(2015).

세대 공장인 스마트공장을 구현하는 것이 인더스트리 4.0의 추진 목표이다.

인더스트리 4.0의 자문위원회는 산업계와 협의해 현장 적용을 위한 다섯
개 영역의 연구개발 로드맵을 발표했다.

첫째, 가치사슬의 수평 통합은 가치사슬을 기준으로 관련된 협력업체들
을 서로 연결해 새로운 비즈니스모델을 위한 새로운 시각과 방법을 도출하
는 것이다.

둘째, 일관된 엔지니어링은 제품의 생애주기 전체를 하나의 엔지니어링
시각으로 연결하는 것으로 공정설계에서 제품생산까지 동일한 시스템 엔지
니어링 시각을 바탕으로 관리할 수 있게 한다.

셋째, 수직 통합은 다양한 IT 시스템이 통합된 것으로, 실시간 요구에 대
응하기 위한 여러 계층의 기업 내부 생산시스템이 하나의 제품 기준으로 연
결되는 것이다.

넷째, 노동의 새로운 사회적 인프라 구축은 사람을 중심으로 한 미래 노동
인프라를 설계하고 직업교육, 평생교육을 개선하는 것이다. 로봇 도입으로

그림 11-4 인더스트리 4.0 개념도

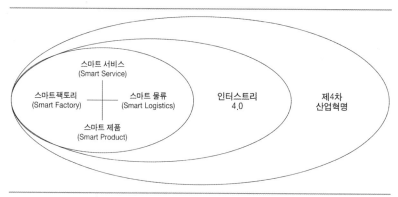

스마트 서비스
(Smart Service)

스마트 팩토리 ──── 스마트 물류
(Smart Factory)   (Smart Logistics)

스마트 제품
(Smart Product)

인더스트리
4.0

제4차
산업혁명

자료: 한국ICT융합네트워크(2014).

더 높은 가치를 창출하면서 근로자의 일자리를 유지하는 혁신이 필요하다.

다섯째, 네트워크 의사소통, 클라우드 컴퓨팅, 데이터 분석, 사이버 보안 등과 관련된 기반기술의 지속적인 개발이 필요하다.

독일의 4차 산업혁명은 산업계 협회 중심의 플랫폼을 기본으로 해 출발했고, 60여 개 이상의 연구소로 구성된 연구 공동체 프라운호퍼 연구소Fraunhofer-Institut*와 독일 기업들이 플랫폼 인더스트리 4.0에서 적극적으로 활동하고 있다. 대표 기업으로는 기계설비와 소프트웨어를 함께 판매하는 지멘스, 소프트웨어 기반 컨설팅 사업을 하는 SAP, 산업혁명 플랫폼을 설계하는 로봇기업 ABB, 직업교육 비즈니스모델을 구상하는 FESTO, 센서에서 경영전략 컨설팅으로 확대하는 ifm 등이 있다.

• 독일 전역에 예하 66개의 '응용과학' 연구 기관을 둔 연구소로 기초과학 분야를 연구하는 막스 플랑크 연구소와는 대조적이다. 크게 보건·영양, 안전·보안, 정보·통신, 운송·교통, 에너지, 고효율 생산의 여섯 분야에 기반을 두고 연구한다.

4차 산업혁명에 대한 개념은 프라운호퍼 IOSB 소속의 미리암 슐라이펜 Miriam Schleipen 박사가 주도한 연구회에서 전문가들이 1년 동안 토론 후 합의한 내용이다. 그 결과는 다음과 같다.

4차 산업혁명은 제품의 전 생애주기에 걸쳐 전체 가치사슬 창출을 조절하고 조직에서 새로운 차원이 펼쳐지는 것을 뜻한다. 점점 증가하는 개인화된 고객의 수요를 고려하고, 하나의 제품을 기획, 생산, 유통, 재활용하는 과정에서 최종 고객의 주문과 여기에 연결된 서비스에 대한 아이디어를 포함하는 모든 활동이 4차 산업혁명의 영향을 받는다. 4차 산업혁명에서는 중요한 모든 정보를 실시간으로 확보할 수 있고, 가치 창출에 참여하는 모든 개체들이 서로 연결되어 있으며, 수집된 데이터에서 언제든지 최적의 의사결정을 내릴 수 있는 능력을 가진다. 사람과 객체, 시스템의 실시간 연결을 통해 자원을 최적화하며, 스스로 조직하고, 기업의 경계를 넘어서는 가치 창출 네트워크가 가능해진다. 또한 생산 비용, 준비 상태, 자원 이용 등 다양한 평가기준을 만족시키는 최적화된 의사결정이 가능해진다.

Chap 12　스마트팩토리 핵심 인프라

1　생산시스템 혁신기술과 ICT 기반기술

　　최근 들어 산업계에서 전 세계적으로 이슈가 되고 있는 키워드는 사물인 터넷IoT, 빅데이터, 사이버물리시스템CPS, 인공지능AI, 스마트팩토리 등이다. 생산체계, 자동화 수준 및 기업 규모가 다른 제조업체가 하루아침에 스마트 팩토리로 업그레이드되는 것은 불가능하더라도 디지털로 전환하는 것은 필 수가 되었다. 기존에는 대량생산을 위해 일괄 배치공정을 운용했고, 중앙· 집중 제어를 통해 값싸고 품질 좋은 물건을 만드는 것을 가장 중요한 요소로 여겼다. 기술 역시 효율화와 자동화에 집중되었고 따라서 미래 지향적인 소 비자 성향에 맞추지 못했다. 자율분산제어를 통해 하나의 공정에서 여러 개 의 제품을 생산하려고 하다 보니 효율화와 자동화 기술로는 맞춤 생산이 불 가능했던 것이다. 하지만 스마트팩토리는 맞춤 생산을 위한 지능화·개인화

그림 12-1 제조업 주기별 현재와 미래 모습

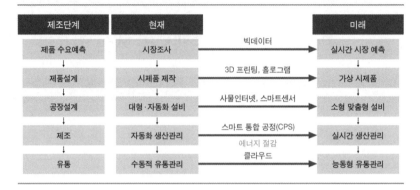

표 12-1 국내 스마트공장 관련 기술력 수준(최고 기술국 대비)

(단위: %)

기초 기술			하드웨어		소프트웨어	
센서	사물 인터넷	빅데이터	산업용 로봇	공정제어(산업 용 컨트롤러)	디지털설계(CAD)	제조실행시스템 (MES)
75	82	77	40	20	20	70

자료: 산업통상자원부(2015a).

에 초점을 맞춰 기술을 개발하고 있다.

　2015년 한국산업기술진흥원KIAT과 정보통신기술진흥센터IITP 주관하에 기술전문가와 산업전문가가 한자리에 모여 기존 제조업에 최신 스마트 기술을 결합해 차세대 제조업으로 도약하기 위한 스마트 제조기술 여덟 개를 요소기술로 선정했다. 스마트센서, 사이버물리시스템CPS, 3D 프린팅, 에너지절감기술을 생산시스템 혁신기술 네 개로 분류하고, 생산과정에서 발생한 다양한 정보를 수집·가공·활용하는 사물인터넷IoT, 클라우드, 빅데이터, 홀로그램 기술을 정보통신기반기술 네 개로 정의했다.

　인더스트리 4.0에서 스마트팩토리의 주요 키워드는 커넥션, 디지털라이제

표 12-2 스마트공장 4대 기술개발 분야

	구분	개념 및 역할	주요 기술	개발목표
1	애플리케이션	· MES, ERP, PLM 등 기존 제조 IT 솔루션과 연계해 공장운영관리를 지원하는 응용 소프트웨어 · 사용자의 필요에 따라 수집한 정보를 통합·관리하고 분석 결과 등을 제공	· 수요 맞춤형 공정 및 운영 최적화 기술 · 예측 기반 품질 및 설비 고도화 기술 · 연간 중심 안전 및 작업 지원 기술 · 지능형 유통 및 조달 물류 기술 · 스마트공장 통합 운영 및 서비스 기술	다품종 유연생산 등 미래 제조 환경에 활용되는 고도화된 애플리케이션을 개발
2	플랫폼	· 수집된 정보를 애플리케이션이 활용할 수 있는 형태로 가공·처리하는 중간 소프트웨어 · 디바이스, 센서와 애플리케이션이 상호 연결되고 소통할 수 있도록 하는 매개 역할	· 빅데이터 분석 · CPS · 팩토리 자원 모델링·시뮬레이션 · 생산 프로세스 제어·관리 · 클라우드 등	공장 내외의 다양한 장비(Factory Things)에 ICT 기술을 접목해 공장운영관리를 지원할 수 있는 범용 오픈 IoT 플랫폼 개발
3	디바이스, 네트워크	· 공장 내의 기존 설비 등에서 정보를 수집하고, 플랫폼과 애플리케이션에 전달하는 장치 · 공정 단계, 작업자 위치, 작업환경, 에너지 소비량 등 생산과 관련된 다양한 정보를 수집하고 전달	· 스마트공장 산업 네트워크 기술 · 인지형 스마트센서 기술 · 이종 연동형 산업용 게이트웨어 기술 등	공장 내 다양한 환경에 적용 가능한 다기능 센서, 고신뢰 유무선 통신 및 장치를 개발
4	상호 운용성, 보안	· 스마트공장 주요 구성요소 간 연동 시 데이터와 서비스 간의 상호 운용성 보장을 위한 통신·인터페이스 규격 및 구성요소 기술 · 상호 연동 시 기능 안정성·가용성·신뢰성·보안성 제공을 위한 기술	· 스마트공장 관련 표준화 기술 · 악성코드의 실행 및 확산 방지 기술 · SW 신뢰성, 보안성 검증 기술 · 데이터보호 및 원격관리기술 등	공장 내 정보 유출을 방지하고 실행 환경의 불법 접근을 차단하는 가상화 기반의 Tamper-proof 기술개발

자료: 산업부통상자원부(2015a).

이션, 인텔리전스이다. 커넥션은 IoT와 클라우드가 담당하고 디지털라이제이션은 증강현실AR, 가상현실VR을 통해 실현되며, 인텔리전스는 빅데이터와 이를 활용하는 아날리틱스로 구성된다.

현재 센서, IoT 등 국내 스마트공장 관련 기술 수준은 해외 기술력 대비 70~80% 수준으로 PLM, CAD 등의 솔루션은 대부분 해외 기업에 의존하고 있는 상황이다. 미국(100)과 대비했을 때 센서 75.3, CPS 74.5, IoT 81.5, 클라우드 84.7 수준으로 평가되고 있다(한국산업기술평가관리원·한국과학기술기획평가원, 2015).

디지털카메라를 먼저 발명하고도 파괴적 혁신Disruptive Innovation 대신 존속적 혁신Sustaining Innovation 에만 몰두해 사업화에 실패하고 파산한 코닥의 사례를 주의 깊게 보아야 한다. 처음에는 외산 솔루션을 활용해야겠지만 우리나라는 제조업과 ICT에서 경쟁력을 가지므로 자체 개발한 솔루션 및 서비스를 바탕으로 파괴적 혁신을 통한 스마트공장 확산을 주도해야 할 시기이다. 이에 맞춰 산업부에서는 스마트공장 지원을 위한 플랫폼 개념도를 발표하고 스마트공장 핵심기술로 애플리케이션, 플랫폼, 디바이스·네트워크, 상호 운용성·보안 등 4대 분야를 발표했다.

2 사물인터넷(IoT)

2.1 정의 및 구성요소

통신은 편지와 같은 물리적 수단을 시작으로 전신, 전화 등 전자적 수단의 도입을 통해 발전했고, 2000년 들어 기기 간의 통신M2M 으로 확대되어 최근에는 모든 사물이 연결되는 IoT라는 개념으로 발전하고 있다. M2M의 핵심 이슈는 장치 및 설비의 연결 그 자체였으나 IoT에서는 사물들의 연결과 이를 통해 생성되는 데이터를 활용한 지능형 서비스가 중요하다.

IoT의 초기 개념은 닐 거션펠드Neil Gershenfeld 와 케빈 애슈턴Kevin Ashton 에 의해 유래되었다. 거션펠드는 1999년 『컴퓨터는 없다!: 생각하는 사물들When Things Start to Think 』에서 컴퓨터와 사람은 항상 연결되어 있다는 것과 사용자 관점에서 언제 어디서나 사물들과 통신이 가능한 상태의 개념을 제시했다. 또한 애슈턴은 P&G의 브랜드 매니저로 일하던 1999년, 새로운 RFID 아이디어와 공급망 관리를 연계시키기 위한 발표 자료의 제목에서 사물인터넷 개념을 사용했다. 그는 "모든 사물에 컴퓨터가 있어 우리 도움 없이 스스로 알아가고 판단한다면 고장, 교체, 유통기한 등에 대해 고민하지 않아도 될 것이다. 바로 이런 사물인터넷Internet of Things 은 인터넷이 했던 것 그 이상으로 세상을 바꿀 것이다"라고 언급한 바 있다. 초기 사물인터넷 용어와 개념은 이와 같이 거션펠드와 MIT Auto-ID Center를 설립한 애슈턴 등 MIT 멤버들을 중심으로 퍼져나가기 시작했다.

사물인터넷IoT 을 크게 산업용 IoT IIOT 와 컨슈머 IoTCIoT로 나누면 산업용 IoT는 팩토리·그리드·머신·시티·카 요소들이, 컨슈머 IoT는 휴대폰·TV·어플라이언스·웨어러블·홈 요소들이 IoT에 연결되는 사회로 진행된다.

사물인터넷 생태계SPNDSe 는 서비스Service, 플랫폼Platform, 네트워크Network, 디바이스Device 및 보안Security 으로 구성된다.

첫 번째 구성요소인 서비스는 사물인터넷을 통해 제공되는 다양한 서비스를 말한다. 산업경쟁력 강화를 위한 산업 IoT 서비스뿐만 아니라 국민의 삶의 질 향상을 위한 개인 IoT 서비스, 사회문제 해결을 위한 공공 IoT 서비스 등이 포함된다. 두 번째 플랫폼은 초연결을 활용해 다양한 IoT 서비스를

그림 12-2 IoT 구성요소

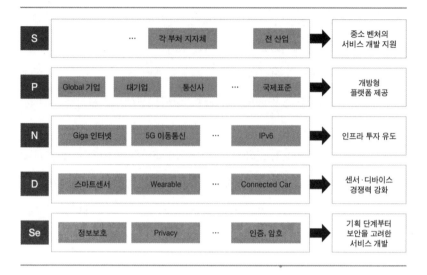

제공하기 위한 개방형 플랫폼과 이에 기반을 둔 생태계 구성을 의미한다. 세 번째 네트워크는 분산된 사물들 간에 인위적인 개입 없이 상호 협력해 지능적 관계를 형성하도록 하는 네트워크 인프라를 가리킨다. IoT의 주소체계인 IPv6도 이미 도입되어 IoT 연결의 최대 잠재치인 1조~1조 5000억 개를 수용할 수 있는 최대 16조 개의 주소를 확보하고 있다. 네 번째 디바이스는 주변 환경을 감지하여 통신, 자동 접속, 상호 연동, 자율 판단, 자율 행동을 해 실감형·지능형·융합형 서비스를 제공할 수 있는 스마트센서 및 디바이스를 말한다. 마지막으로 보안기술은 안전하고 신뢰성 높은 IoT 서비스를 제공하기 위한 기술이 필요하다는 것을 의미한다.

2.2 표준화 동향

　IoT와 관련된 합의 표준안은 나오지 않고 있다. 아직까지는 다양한 표준기구, 서비스 도메인에서 서로 다른 서비스, 플랫폼, 통신 프로토콜, 디바이스들이 사용되고 있고, 관련된 표준기구들을 통해 다양한 내용이 쏟아져 나오는 상황이다. 사물인터넷이 진가를 발휘하려면 여러 표준들 간의 연동 및 운용 아키텍처가 확보되어야 한다. 현재 공식적 표준De Jure인 국제표준기구 ITU-T, ISO/IEC에서 사물인터넷 관련 표준 개발이 활발하게 이루어지고 있으며, 또한 사실상 표준De Facto인 단체표준기구 IETF, IEEE, OGC, OMA, ETSI, oneM2M 등에서도 사물인터넷 관련 정의, 기술 분류 및 필요한 요소 기술에 대한 표준을 적극적으로 개발하고 있다.

　IEEE는 세계 최대 기술전문가협회로서 다양한 전자정보통신기술에 대한 개발과 함께 기술 저널, 컨퍼런스 등의 활동과 기술표준을 통해 최신 기술 발전에 많은 기여를 하고 있다. IEEE-SA는 IEEE 표준화 활동 전담조직으로 45개 IEEE 산하 학회와 20여 개 융합 분야 SCCStandard Coordination Committee를 운영하고 있다. IEEE-SA에서는 사물인터넷 서비스 및 시장이 분열되고, 미래 신산업 발생 환경이 저해되는 것을 막기 위해 사물인터넷 참조모델에 대한 표준화를 진행하기로 하고, 이를 수행하기 위한 표준 그룹으로 P2413을 2014년 7월에 승인했다. 로크웰 오토메이션(미국), 슈나이더 일렉트릭(프랑스), 지멘스(독일) 등 공장자동화 관련 회사들과 퀄컴과 같은 통신회사 및 전력·전기 회사들도 참여하고 있다. 표결 권한이 개인에게 주어지는 IEC와는 달리 IEEE P2413은 기관에 주어진다. IoT 응용 도메인은 홈·빌딩, 헬스케어, 미디어, 물류·유통, 모빌리티, 매뉴팩처링, 에너지 등 다양하다. IEEE P2413에서 하는 일은 IoT를 위한 레퍼런스모델과 아키텍처 프레임워크를 만드는 것이다. 예를 들어 리눅스, 윈도우, 매킨토시 등과 상관없이 집집마다 HTTP 프로토콜이라는 표준화된 하나의 프로토콜로 인터넷을 사용한다. 즉, 하드웨어와 OS가 무엇이든 상위 계층에서는 HTTP 프로토콜 하나로 통일된다.

이와 같이 매뉴팩처링이든 에너지, 홈·빌딩 등의 다른 도메인이든 상관없이 상위의 아키텍처 프레임워크에 대한 통일성을 갖추자는 것이 P2413의 추구 방향이다. IEEE에서 정의하는 사물인터넷 구조 프레임워크는 다음과 같은 상세 내용에 대한 표준을 다룬다.

· 다양한 사물인터넷 도메인(교통, 헬스케어, 스마트 홈 등) 간의 관계와 공통 구조 요소들을 정의하는 참조모델
· 데이터 추상화
· 정보보호, 보안, 프라이버시, 안전
· 기본 구조의 빌딩 블록 및 다중 티어 시스템

IEEE의 사물인터넷 구조 표준을 위한 P2413 태스크 그룹은 2014년 표준 영역과 목표 등의 정의를 마무리한 뒤 참조모델의 계층 구조 및 다양한 기능들에 대한 논의를 활발히 진행하고 있다.

이러한 표준 단체 외에 컨슈머 IoT CIoT 분야에서 인텔 주도의 OIC Open Interconnect Consortium, 퀄컴 주도의 올신얼라이언스 AllSeen Alliance, 구글 주도의 스레드 그룹 Thread Group과 같은 얼라이언스들을 통해서도 영향력 있는 글로벌 기업들이 주도적으로 관련 표준을 개발하고, 이를 기업 제품에 내재화함으로써 사실상의 표준으로 확산시키고자 하는 움직임도 활발하다. 현재까지는 ITU, ETSI, oneM2M에서 서비스모델, 서비스연동 등 큰 구조와 관련 기능 모듈

및 인터페이스 등에 대한 작업을 진행하고 있으며, IETF, IEEE, OGC 및 기타 얼라이언스 등을 통해 특정 프로토콜에 대한 표준 개발을 진행하고 있다.

국내에서도 M2M/IoT 포럼, RFID/USN 포럼, 통합된 사물인터넷 포럼이 2014년부터 활동 중이며 국내 단체표준기구인 TTA에서도 사물인터넷 기술에 대한 표준화를 진행하고 있다.

2.3 플랫폼을 누가 지배할 것인가

플랫폼은 철도 승강장, 우주선 발사대 등 특정 작업을 위한 공용화된 토대의 의미로 과거에는 상품(서비스) 제공자와 수용 인원의 한계 등 공간 제약성이 강했다. 플랫폼의 개념은 ICT의 발전과 함께 사업자가 직접 상품(서비스)을 생산하기보다는 상품(서비스)을 생산하는 사업자들과 잠재적 상품(서비스) 구매자 그룹을 자사의 플랫폼 내부에서 거래하도록 유도함으로써 가치를 생성하고 이윤을 추구하는 공간의 의미로 확장되었다.

사물인터넷 플랫폼은 사물인터넷 응용과 서비스 개발을 위한 열쇠이다. 사물과 시스템, 사람 사이의 실제와 가상을 연결하는 핵심이기도 하다. 오늘날 많은 기업들이 사물인터넷 플랫폼을 제공하지만 그것이 완전히 성숙된 사물인터넷 클라우드 플랫폼을 의미하는지 단순히 플랫폼의 한 요소를 확대해서 말하는지 혼란스럽기까지 하다. 이는 기업들이 사물인터넷 플랫폼에 다양한 서비스를 결합하기 시작했기 때문이다. 사물인터넷 플랫폼은 다음과 같이 네 가지 타입으로 구분할 수 있다.

① 연결·M2M 플랫폼: 주로 네트워크 통신망을 통한 사물인터넷 디바이스 연결에 초점을 맞춘다[예: 시에라 와이어리스(Sierra Wireless)의 에어

표 12-3 사물인터넷 플랫폼의 여덟 가지 구성요소

8. 데이터베이스	7. 외부 인터페이스 API, SDK / Gateway를 통한 연계(예: ERP, MES)	
	5. 분석 빅데이터 분석(고성능 머신러닝 함수)	6. 기타 툴 (프로토타입 제작, 시험 및 상용화, 디바이스 관리 및 제어)
	4. 시각화 센서데이터의 2D, 3D 그래프 등 대시보드 제공	
	3. 프로세싱 및 액션 관리 룰 엔진(특정 센서데이터 발생 시 적절한 조치를 취함)	
	2. 장치관리 디바이스 상태관리, S/W 패치 및 업데이트	
	1. 연결 및 일반화 IoT & Mobile 연결(실시간 고속 메시지 수집 처리) 및 Data 연결(외부 데이터 통합 수집)	

자료: https://iot-analytics.com

벤티지].

② IaaS 백엔드Backends: 애플리케이션과 서비스를 위한 호스팅 공간 및 처리능력을 제공한다.

③ H/W 전용 소프트웨어 플랫폼: 커넥티드 장치를 생산하는 일부 기업들은 자체 소프트웨어 백엔드를 구축하고 있다. 이 전용 백엔드를 IoT 플랫폼이라고 일컫는다. 하지만 이러한 플랫폼은 시장에서 제3자에게 공개되지 않기 때문에 사물인터넷 플랫폼이라고 할 수 있는지에 대해서는 논란의 여지가 있다(예: 구글의 Nest).

④ 소비자·기업용 소프트웨어 확장판: 현존하는 기업용 소프트웨어나 MS 윈도우 10과 같은 운영체제들은 지속적으로 사물인터넷 장치와 통합하고 있다. 아직까지는 완전한 IoT 플랫폼이라고 보기는 어렵지만 곧 이러한 통합 소프트웨어 확장판도 사물인터넷 플랫폼으로 간주될 것으로 보인다.

가장 단순한 형태의 사물인터넷 플랫폼은 '사물Things' 또는 장치 간 연결을 활성화하는 것을 말하며 S/W 플랫폼, 애플리케이션 개발 플랫폼 또는 분석 플랫폼으로 이루어져 있다. 진정한 사물인터넷 플랫폼은 〈표 12-3〉과 같이 여덟 가지 구성으로 나타낼 수 있다.

오늘날 시장에는 300여 개 이상의 사물인터넷 플랫폼이 있고, 다음과 같은 기업의 시장 전략에 따라 다른 모습을 띨 것이다(Scully, 2016).

① 상향식: 디바이스 연결부터 플랫폼에 필요한 기능을 상향식으로 접근 하는 방식(예: Ayla Networks)

② 하향식: 데이터 분석에서 시작해 플랫폼에 필요한 기능을 하향식으로 접근하는 방식(예: IBM IoT Foundation)

③ 파트너 제휴: 완전한 패키지를 제공하기 위해 전략적 제휴를 취하는 방식(예: GE Predix & Thingworx)

④ M&A: 전문기업을 인수하거나(예: 아마존, 2lemetry) 전략적인 합병을 취하는 방식(예: Nokia & Alcatel-Lucent)

⑤ 투자: 사물인터넷 생태계 전반에 걸친 전략적 투자를 통한 진입 방식 (예: Cisco)

어떤 사물인터넷 플랫폼도 현존하는, 그리고 앞으로 나타날 무수한 서비스 및 솔루션 사례를 모두 지원하지 못한다. 이와 같은 이유로 오픈소스를 통한 사물인터넷 플랫폼 간 상호 연동이 주목받고 있다. 예컨대 Vorto와 같은 오픈소스 툴은 플랫폼과 전체 사물인터넷 생태계 사이의 정보모델링을 위한 공통 프레임워크를 지원한다. PTC와 보슈 S/W 이노베이션의 협업은 대표적인 사례로 꼽힌다(http://www.eclipse.org/vorto/).

3 사이버물리시스템(CPS)

CPS는 모든 사물이 IoT 기반으로 연결되고 컴퓨팅과 물리세계Physical World 가 융합되어 자동화·지능화되는 것을 말한다. 기존에는 센서와 액추에이터를 갖는 물리시스템과 임베디드 소프트웨어를 포함하는 컴퓨팅기술Computing, 통신기술Communication 및 제어기술Control이 각각 독립적으로 발전되어 왔다. 그러나 최근에는 사이버 영역의 기술이 급속히 발전해 물리세계로부터의 복잡하고 많은 센싱 정보가 고속의 유무선 통신망을 통해 전달되면, 고성능 컴퓨팅 시스템들이 실시간으로 입력된 센싱 정보를 처리하고, 상황을 정확히 인지하고 판단하는 수준에 이르렀다. CPS는 자동차처럼 내부의 전용 네트워크 기반의 ECUElectronic Control Unit(전자제어장치)*들이 결합해 제어되는 단위 시스템부터 대도시 같이 수많은 단위 CPS들이 결합되어 거대한 CPS를 구성하는 경우까지 시스템 특성과 스케일이 매우 다양하다.

CPS는 2006년 미국과학재단NSF이 가능성과 과제 등을 논의할 때 시작된 용어로, 2007년 미국 대통령과학기술자문위원회PCAST에서 백악관에 제출한 NITRDNetworking & Information Technology Research and Development 분야 보고서에 공식적으로 처음 등장했다. 독일에서는 2012년 차세대 제조혁신을 이루기 위해 인더스트리 4.0을 천명하고 그 기반기술로 CPS와 IoT를 지정해 관련 핵심기술과 응용기술을 개발하고 있다. 유럽 EIT ICT LABS는 2012년부터 CPS 연구

---

* 지금은 1대의 자동차에 100개 이상의 ECU가 사용되고 있는데, 각 ECU는 공급업체가 다를 뿐만 아니라 소프트웨어 호환성도 없으며, ECU에 탑재되는 프로세서 및 메모리도 최소 사양으로 되어 있어 'OTA(Over The Air, 무선원격)' 방식의 소프트웨어 업데이트도 어렵다. 자율운전 및 커넥티드, OTA 등의 기능을 안전하고 보안성 있게 수행하기 위해서는 통합 ECU에 사용할 OS 등 소프트웨어 기반을 통일할 필요가 있으며, 업계의 움직임으로는 2003년 결성된 '오토사(AUTOSAR)'의 '어댑티브 플랫폼(Adaptive Platform)'이 있다.

를 진행하면서 CPS 비즈니스 인큐베이션, 표준화된 아키텍처, ICT 인프라 및 범유럽 플랫폼 개발 등을 추진하고 있다.

CPS는 임베디드 시스템의 미래지향적이고 발전적인 형태로 이해할 수 있으며, 기존의 기법과 다르게 소프트웨어와 물리세계의 인터랙션을 위한 품질 높고 신뢰할 수 있는 설계 기법이 요구된다. 또한 수많은 물리적 도메인을 연결해야 하는 질적 복잡성이 데이터 처리량과 같은 양적 복잡성 이상으로 요구된다. 모델화와 예측이 어려운 현실의 물리세계가 긴밀히 통합되어야 하기 때문에 기존의 ICT와는 달리 시스템의 유연성이 특히 필요하다고 할 수 있다.

다양한 지능형 장치 및 무선통신 기기가 급증하고 컴퓨팅 및 메모리 성능의 발전이 지속되면서 여러 응용 분야에 컴퓨팅이 미치는 영향도 증가할 것으로 전망되고 있다. 따라서 사이버물리시스템은 인더스트리 4.0 구현뿐만 아니라 의료·헬스케어, 에너지·송전, 운송, 국방 등 다양한 분야에 광범위하게 적용될 것으로 예상된다.

CPS의 가장 큰 기술적 요소는 Communication, Computing, Control이다. Communication은 4M(Man, Machine, Material, Method)에서 발생하는 데이터를 수집하는 기술이고, Computing은 수집된 데이터를 바탕으로 특정 계산을 통해 공장을 제어하거나 사용자에게 의사결정을 지원하기 위한 정보를 제공하는 기술이다. 마지막으로 Control은 그 정보를 받아서 공장을 제어하기 위한 기술이다. CPS 기술을 공장에 적용한 것을 CPPS Cyber Physical Production System 라고 하는데 스마트한 부품을 사용해 CPPS로 스마트한 제품을 생산하는 것이 스마트팩토리라고 정의하고 있다. CPPS가 제대로 작동하기 위해서는 설비와 공정 및 제품 관련 데이터를 센서, 액추에이터, 컨트롤러, 디바이스 등을 통해 수집하고 PLM, MES, ERP, SCM 등의 제조 IT 솔루션을

그림 12-3 CPS 개념도

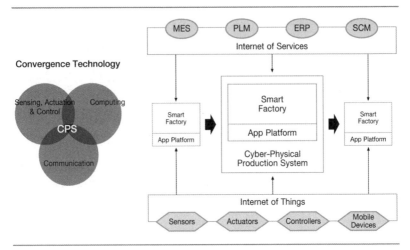

자료: www.dfki.de

통해 신뢰성 있게 분산제어하는 지능형 시스템이 구축되어야 한다. 기존에는 지능형 제어보다는 단순하게 피드백을 받아 수행하는 피드백 제어가 주류를 이루었다.

물론 기존 공장에서도 통계적 데이터나 작업자의 경험 데이터, MES 등에 저장된 데이터를 활용해 모델링 시뮬레이션을 수행했다. 그러나 실제 설비에서 나오는 데이터나 공정 데이터를 가지고 시뮬레이션을 수행한다면 공정 대기시간 및 불량률을 최소화할 수 있고, 돌발 상황에서도 실시간으로 대응이 가능하다. 이뿐만 아니라 예측에 따른 선행적 공장제어가 가능해진다.

3.1 CPS와 IoT 관계

현실세계Physical System의 다양한 현상과 디지털 사이버세계Cyber System가 긴

그림 12-4 IoT vs CPS

구분		IoT	CPS
등장		1999, Kevin Ashton, MIT	2006, Helen Gill, NSF
차이점	주된 관심 영역	스마트 디바이스, 네트워크, 주로 개방형 시스템	물리 시스템, 임베디드 시스템, 주로 폐쇄형 시스템
	접근 방식	센서, 인터넷 등 기술을 융합해 새로운 서비스를 개발	현존하는 물리 시스템에 센서 등 ICT 기술을 접목해 신뢰성 높은 시스템을 구현
공통점	핵심 개념	네트워크를 기반으로 구성요소(센서, 장치 등)를 연계	
	주요 적용 분야	농축수산·식품, 제조·유통, 교통·물류, 의료·복지, 문화관광·교육, 에너지·환경, 홈·도시, 국방 등	스마트제조·생산, 교통, 에너지, 기반시설, 헬스케어, 빌딩 및 건설, 국방, 재난대응 등

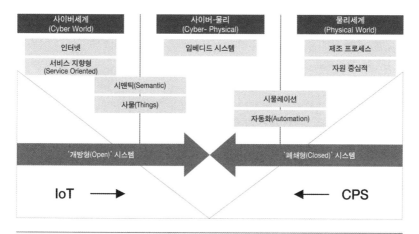

자료: Jeschke(2013).

밀하게 결합된 시스템을 CPS라고 하는데 이는 여러 분야에서 다양하게 정의된다. 그중에서도 가장 기본이 되는 메커니즘은 제어대상(제조설비, 자동차 등)에 센서를 부착하여 IoT 기기를 이용해 센서에서 발생하는 각종 데이터를 클라우드상의 빅데이터로 수집·분석한 후 현실세계에 결과를 피드백하는 것이다.

CPS는 기본적으로 IoT 인프라가 변화·발전함에 따라 다양하게 발생하는 데이터가 기폭제가 되어 확장·운영되는 시스템이다. 체계적이고 통합화된 IoT 인프라가 결국은 CPS 기반으로 활용되고, CPS가 원활하게 작동할 수 있도록 지원하게 된다. IoT와 CPS는 현실 환경에서 센서를 통해 생성된 방대한 양의 다양한 데이터를 수집·관리하는 애플리케이션을 지원할 수 있도록 설계한다.

글로벌 CPS 생태계를 향한 구글의 비전은 야심찬데, 자율자동차도 하드웨어와 소프트웨어가 융합된 정보처리시스템이라고 할 수 있다. IoT와 인공지능의 만남으로 모든 사물, 기계, 산업부품이 인터넷에 연결되면서 스스로 데이터를 수집하고 해석해 생각하고 판단하는 신산업혁명이 보편화되고 있다.

IoT와 인공지능의 만남은 새로운 사회·경제 운용시스템으로 주목받고 있는 CPS와 접목되면서 좀 더 강력한 신사회 인프라로 떠오르고 있다. 지금까지 사이버 공간을 중심으로 발전해온 정보통신기술의 활용이 사물, 환경, 사람을 포함한 물리세계로 그 영역을 확장하고 있기 때문이다.

제조업에서 CPS를 이용했을 때의 이점은 현실 조건에서 하기 힘든 검증을 할 수 있다는 것과 실세계보다 짧은 시간과 적은 비용이 들며, 숙련자의 노하우가 축적된다는 점 등을 들 수 있다. CPS에 의한 현실세계와 사이버세계의 상호작용으로 프로세스 혁신이나 비즈니스모델의 고도화 등 부가가치가 창출되고 있다. 데이터를 활용한 새로운 서비스의 가능성이 질적·양적으로 확대되면서 부가가치의 원천이 제품에서 서비스로 바뀌고 있다. GE는 2012년 IoT 시대의 도래를 대비하는 신전략으로 '산업인터넷'을 추진하겠다는 야심찬 계획을 발표했다. 발전 시설, 항공엔진, 의료기기 등의 설비를 주력 사업으로 하는 전통적 제조기업 GE는 IoT를 강화한 분석 플랫폼인 '프레딕스Predix'를 개발하고, 이를 통해 열 개 산업 영역 27종의 분석 솔루션(석유

그림 12-5 CPS cycle: 데이터 분석 결과를 지속적으로 피드백 활용

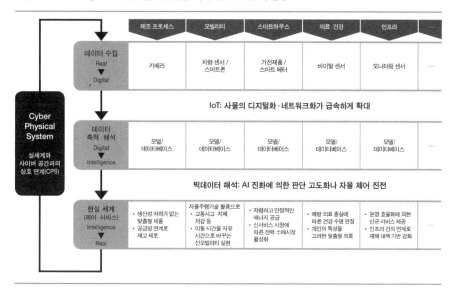

자료: 이정아(2015).

그림 12-6 GE 프레딕스(Predix) Platform

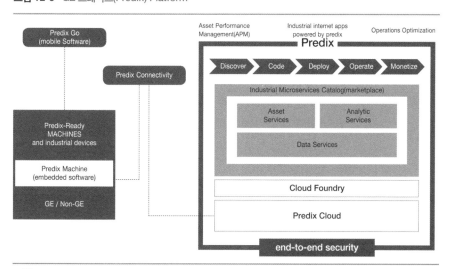

자료: www.ge.com

가스, 전력, 수송, 항공, 의료 등)을 제공하고 있다.

비즈니스모델은 기존의 산업설비HW 판매 중심에서 건수에 기반을 둔 고장 수리 서비스, 계약에 기반을 둔 장기 유지보수 서비스, 더 나아가 자산 운영 최적화 서비스 등으로 고도화되고 있다. 또한 유지보수 중심의 서비스 사업을 원격 진단, 장애 예방 및 자산 운영 최적화 서비스로 확장하고 있다. 프레딕스Predix 는 분산된 컴퓨팅 자원과 데이터 분석, 자산관리, 사물통신, 보안, 모빌리티를 통합한 플랫폼으로, 자사가 제작한 모든 장비를 궁극적으로 클라우드를 통해 연결할 계획을 가지고 있다. 한마디로 GE의 산업인터넷은 산업 장비에 인터넷이 접목된 IoT화를 실현하는 것을 말한다. 이런 차원에서 GE의 구상은 IoT, CPS, 빅데이터, 인공지능의 최적 연계를 통해 사물과 데이터의 융합을 실현하는 '미국의 신산업혁명의 모델'이라고 할 수 있다. CPS는 신뢰성, 프라이버시 및 시큐리티 측면에서 해결해야 할 문제가 산적하지만 스마트제조뿐만 아니라 스마트교통, 스마트시티, 스마트빌딩, 스마트의료, 스마트농업, 스마트전력 등 다양한 사회 인프라 분야에 활용도가 높아 사회시스템 변혁이 기대된다.

현시점에서 산업인터넷 플랫폼 글로벌 판세를 보면 미국 GE와 독일의 지멘스가 맹주 다툼을 벌이고 있다. GE는 플랫폼의 개방성 측면에서 지멘스를 앞선다고 평가받는데, 지멘스는 최근 플랫폼 '마인드스피어MindSphere'를 내놓고 GE를 추격 중이다. 제조업체마다 생산시스템이 제각각인 만큼 스마트팩토리 플랫폼 업체 입장에서는 가능한 한 다수의 기업시스템과 호환할 수 있는 플랫폼을 제공하는 것이 중요하다. 이미 인텔, AT&T, 소프트뱅크, 시스코 등 400여 업체가 프레딕스를 사용 중이다. 마인드스피어는 열 개 정도의 기업에서 사용되고 있지만 현재 100여 개 기업과 논의 중인 것으로 알려져 있다.

3.2 IoT/CPS 사례와 현황

증기기관을 동력으로 한 생산설비 도입이 인더스트리 1.0, 전력으로 가동
되는 생산설비의 도입이 인더스트리 2.0, 전자·IT로 제어되는 생산설비 도
입이 인더스트리 3.0, 그리고 IoT/CPS를 이용한 개발 및 생산성 혁명을 인
더스트리 4.0이라고 할 수 있다.

센서, 인공지능, 데이터, 보안 등의 IT 기술을 이용해 현실세계가 긴밀하
게 결합되는 시스템이 CPS이다. 공장의 IoT는 미국의 GE가 제창하는 '산업
인터넷'과 독일 정부가 주도하는 '인더스트리 4.0'이 선도하고 있으며, 두 국
가 모두 공통적으로 네트워크를 이용해 센서와 카메라의 데이터를 수집하고
클라우드를 통해 실시간으로 분석함으로써 개별 대량생산에 대응할 수 있는
유연한 자동화 공장이나 기계의 원격감시, 고장 예측 서비스의 실현을 지향
하고 있다.

3.2.1 독일

독일은 '하이테크 전략 2020'을 구체화하기 위해 2012년 결정된 열 개의 미
래 프로젝트의 하나로 인더스트리 4.0을 추진해왔다. Agenda CPS 프로젝트
와 인더스트리 4.0을 통해 2020년까지 CPS의 주요 시장이 되는 것을 목표로
정책을 추진하고 있다. Agenda CPS 프로젝트에서는 2025년까지 에너지·모
빌리티·헬스·산업(스마트팩토리) 등 주요 응용 분야 네 개의 CPS 연구를 추진
하고 있으며, 2010년부터 산학연과 협력해 CPS에 기반을 둔 제조업 강화 프
로젝트인 '인더스트리 4.0'을 전략적으로 추진하고 있다. 독일과학기술아카
데미Acatech가 정의한 CPS 특징은 다음과 같다(http://www.acatech.de).

· 물리세계와 디지털세계 간의 직접 연결

· 정보·데이터·기능 통합을 통한 새로운 시스템

· 기능(Function) 통합(다기능성)

· 네트워크를 통한 접근

· 센서와 액추에이터 네트워크

· 시스템 내외부 네트워킹

· 전용 사용자 인터페이스(운용절차 통합)

· 어렵고 복잡한 물리적 상태 배치

· 장시간 운용

· 자동화, 적응성, 자율성

· 높은 요구(시큐리티, 데이터 보호, 신뢰성, 고비용)

CPS 플랫폼을 기반으로 소비에서 생산까지 제조과정 전반을 종합적으로 파악해 더욱 효율적인 생산시스템을 구축하여 차세대 공장인 '스마트공장'을 구현하는 것이 인더스트리 4.0의 추진 목표이다.

전기·전자 브랜드인 지멘스는 독일 남부 바이에른 주의 소도시 암베르크 Amberg 에 있는 이전 공장을 시험적으로 개조해 인더스트리 4.0을 구축했다. 특히 이를 외부 방문자와 언론에 공개해 큰 반향을 일으키고 있다.

암베르크 공장은 IoT를 활용해 생산 프로세스의 75%를 자동화하고 있으며 사람의 지시 없이 기계가 부품을 모아 반제품을 조립한다. 또한 RFID에 의해 제조 프로세스가 제품별로 실시간 관리되고, 제조 단계에서 모든 정보가 생산라인상 기계들 간에 공유된다. 작업자들은 대부분 컴퓨터 조작이나 생산 프로세스의 관리에 집중한다. 특히 자사의 PLM 솔루션을 활용해 1000여 종의 제품을 만들고 있음에도 주문에 따른 맞춤형 제조를 실천해 고객수요

변화에 신속히 대응할 수 있는 장점을 가지고 있다.

독일의 인더스트리 4.0의 궁극적인 목표는 규격화 제품뿐만 아니라 고객 주문형 상품을 대량생산할 수 있는 21세기 글로벌 생산시스템을 실현하는 것이다. 독일 내 모든 공장을 단일의 가상 공장 환경으로 만들어 그 가동 상황을 실시간으로 파악하고 부품 등의 수요 정확성을 높이고자 한다. 이를 바탕으로 제조업의 수출 경쟁력을 강화해 자국의 생산기술로 세계 공장을 석권하겠다는 '21세기 제조업 플랫폼' 선도 전략이기도 하다. 이러한 플랫폼을 기반으로 통신 규격의 국제표준화를 지향하고, 공급사슬과 고객 간의 데이터를 실시간으로 공유하며, 설비가동률 향상, 다품종 변량 생산, 이상 조기발견, 수요예측 등이 가능한 21세기 공장 생태계를 실현하고자 한다.

3.2.2 미국

'SmartAmerica Challenge'는 미국 내의 각 사업 및 산업 영역에서 독자적으로 발전·구축되고 있는 CPS 시스템들이 상호 연결되어 운용 가능한 테스트 베드 혹은 CPSNet을 구축하고, 이를 기반으로 기술적·사회적 이슈를 도출하고자 하는 사전 연구 프로젝트이다. CPS 연구와 관련된 일곱 개 핵심 분야로 생산공정, 교통, 전력, 헬스케어, 홈·빌딩, 국방, 재난대응을 선정하고 구현 촉진을 위해 HW/SW 구성요소, 구현 방법론과 도구개발 관련 연구 등을 추진하며, 분야별로 구축되어 있는 CPS 테스트 베드와 데이터 센터를 연계해 통합된 CPS 프레임워크를 구축한다. 'SmartAmerica Challenge' 프로젝트를 런칭한 '대통령 혁신 펠로우PIF: Presidential Innovation Fellows' 일원인 제프 멀리건Geoff Mulligan은 CPS가 IoT의 또 다른 명칭만은 아니라고 천명하면서 CPS의 중요성을 강조한다.

2014년 GE, AT&T, 시스코, IBM, 인텔 등 다섯 개사가 중심이 되어 '산업

그림 12-7 'SmartAmerica Challenge'의 기존 구도

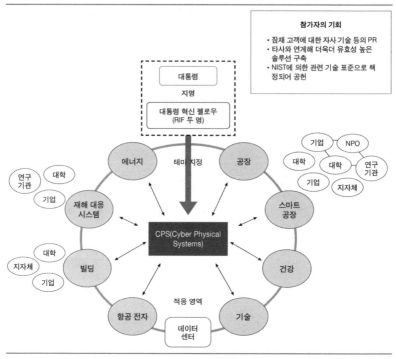

자료: 하원규·최남희(2015).

인터넷컨소시엄IIC: Industry Internet Consortium'을 설립했다. IIC는 OS로 업계표준을 장악한 마이크로소프트, 검색과 스마트폰으로 세계적인 생태계를 주무르고 있는 구글과 애플처럼, GE의 산업인터넷 모델을 글로벌 플랫폼으로 확장하기 위한 거대 에코시스템이라고 할 수 있다. 미국의 산업인터넷 전략의 강점은 다음 네 가지로 요약할 수 있다(하원규·최남희, 2015).

① 전 세계 공장의 기계로부터 취합된 모든 데이터를 구글과 같은 인터넷 사업자의 데이터 센터에 축적하고 그 빅데이터를 해석해 지구 차원의

238 · 4부 스마트팩토리, 미래 제조업 청사진

거대 비즈니스를 창출할 잠재력이 있다.

② GE가 '산업인터넷컨소시엄ⅡC'을 설립하고 미국 기업뿐만 아니라 외국 기업의 참여를 독려해 사실상의 표준을 만들 체제를 강화해가고 있다.

③ 애플의 글로벌 전략에서 알 수 있듯이 미국의 선진 기업들은 IoT 생태계를 기반으로 튼튼한 글로벌 전략 토대를 갖고 있다. 특히 애플의 PC· 스마트폰·태블릿·아이패드 등의 정보 단말기는 상호 접속을 통해 동기화함으로써 정보 공유화가 가능하다. 이처럼 GE의 OS를 탑재한 기계들이 동기화되면 제조업 분야에서 제2의 구글·애플이 생겨날 수 있다.

④ 자금력을 보유한 미국의 기업들이 3D 프린터와 같은 디지털 제조기술을 보유한 영향력 있는 기업들에게 투자하면 적량 맞춤형 대량생산이라는 디지털 제조혁신을 주도할 수 있다.

CPS는 IoT, 빅데이터, 아날리틱스Analytics, 클라우드 등이 기본이 되어 다양한 ICT로 현실세계와 사이버세계를 연결하는 역할을 한다. 이는 엄청난 데이터 처리와 함께 수많은 물리적 도메인을 연결해야 하는 매우 복잡하고 거대한 플랫폼이다. CPS 구축을 위해서는 센서 기술뿐만 아니라 액추에이터, 보안기술, 최적화 SW, 인공지능, 데이터 수집·분석 기술 등 다방면의 기술이 동시다발적으로 개발·융합되어야 하는 것이 관건이다. 따라서 CPS 구축을 위해서는 어떤 분야에 어떤 기술을 어떻게 적용하고 설계·운용할지에 대한 체계적인 추진 로드맵을 수립하는 것이 매우 중요하다고 볼 수 있다. 참고로 미국 SmartAmerica Challenge 프로젝트에는 100개 이상의 이해관계자가 참여하고 있다.

3.2.3 일본 및 중국

유럽·미국 등 선진 각국이 CPS 구현에 대처하고 있는 가운데, 일본 기업이 글로벌 경쟁력을 상실하지 않도록 기업의 데이터에 기반을 둔 비즈니스모델 창출을 촉진·지원하기 위해 관련 환경을 정비하고 있다. 일본은 공작기계나 산업기계 등의 제조업 분야에서는 우위에 있는 반면, ICT 산업은 미국 등에 비해 상대적으로 열세하다. 2015년 4차 산업혁명이 급부상하면서 일본 정부도 국가 중요 정책과 전략을 급선회하고 있다. '일본 재흥전략 2015' 등 IoT, 빅데이터, 인공지능, 로봇 신전략을 토대로 하는 4차 산업혁명에 정면으로 대응해야 한다는 기조를 밝히고 있다.

IoT, 빅데이터, Analytics, AI 등 ICT 신기술의 발전으로 CPS가 실현되면서 혁신적 비즈니스모델이 발생하고 향후 산업 구조의 대변혁이 예상되었다. 이에 따라 세계 최초로 CPS 기반의 '데이터 중심 사회'를 실현하기 위해 산학관이 협력해 'IoT 추진랩'을 설립했다(2015.10). 중국은 물련망*(사물인터넷) 관련 산업을 정부 차원에서 적극 지원·추진 중이며, 물련망이 CPS로 발전해 모든 분야에 영향을 미치고 지능형 제조를 통해 새로운 산업혁명으로 정보경제Information Economy를 견인하는 등 미래 경쟁력 강화를 위한 필요기술이라고 인식해 추진을 가속화하고 있다.

2015년 새롭게 제시된 '중국 제조 2015 Made in China 2015'는 미국의 산업인터넷, 독일의 인더스트리 4.0, 일본의 로봇 신전략 구상에 대응하는 전략이다. 중국 제조 2015는 제조 대국에서 제조 강국으로의 전환을 지향하고 있다. 미국의 산업인터넷, 독일의 인더스트리 4.0은 IoT와 CPS를 활용한 것으로

---

* 중국의 전략적 산업진흥책 실현을 위한 정보통신기술의 하나로 각종 센서, 전자태그 등 센싱 기술과 정보통신 네트워크를 결합한 것이다.

고객 개개인의 맞춤형 수요를 충족시키는 제품 및 서비스를 최적의 시기에 제공하는 것을 기본 지침으로 하고 있다. 같은 맥락으로 중국의 제조 2015는 더 이상 세계의 공장으로만 머무르지 않고 2025년에 제조업 전체의 생산성 향상을 이루어 제조 강국을 실현하고 중화인민공화국 설립 100주년(2049년)까지 세계 최고 수준의 제조 강국으로 부상하겠다는 목표를 세우고 있다.

Chap 13   스마트팩토리 표준화 동향

1 국제표준화 동향

　국내 스마트공장의 추진 방향은 각 기업의 실정(자동화 수준이나 생산시스템의 유형)에 맞게 구축하되, 향후 확장성을 위한 상호 운용성(상호 호환성)에 관한 표준 정의가 필요하다. 과거 RFID 도입 초기에도 기술표준에는 맞지만 다른 기술 기기와 결합할 때 상호 운용성 측면에서 문제가 발생한 사례가 많았다. 이 문제를 방지하기 위해서는 표준 적합성과 상호 운용성을 사전에 검증해야 한다.

　스마트공장도 실제 산업현장에 구축되기 전에 표준화 및 시험·인증체계가 준비되어야 한다. 스마트제조에서는 모든 디바이스가 묶여야 하고, 묶이기 위해서는 서로 정보를 교환해야 하며, 정보를 교환하기 위해서는 교환되는 데이터 타입을 정의해야 한다. 그러기 위해서는 표준화가 필요하다.

표 13-1 스마트공장 관련 국제표준화 동향

표준기구·단체	명칭
IEC SEG 7	IEC SG 8 후속 Industrie 4.0 – Smart Manufacturing
IEC TC 65	산업 프로세스 계측, 제어 및 자동화
TC 65 / SC 65A	System Aspects
TC 65 / SC 65B	Measurement and control devices
TC 65 / SC 65C	Industrial Networks
TC 65 / SC 65E	Devices & Integration in enterprise systems – IEC 62264(제조 프로세스 통합모델)
TC 65 / WG 16	Digital Factory
TC 65 / WG 19	Life - Cycle management for systems and products used in industrial- process
ISO TC 184	자동화시스템 및 통합
TC 184 / SC 1	Physical Device Control
TC 184 / SC 2	Robots and Robotics Devices
TC 184 / SC 4	Industrial Data
TC 184 / SC 5	전사적 시스템과 자동화 응용을 위한 상호 운용성, 통합 및 아키텍처
ISO / IEC JTC 1	
JTC 1 / SWG 3	IoT(Smart Machine)
JTC 1 / WG 9	Big Data
JTC 1 / WG 10	IoT
JTC 1 / SC 38	Cloud Computing
OneM2M	사물인터넷 서비스 플랫폼 표준기술을 개발
IEEE P2413	사물인터넷 구조 프레임워크에 대한 표준을 제정
ISA	국제자동화협회: ISA – 95
MESA	MESA
ITU – T	사물인터넷 기능모델, 서비스 구조, 식별자, 응용 등
IETF	인터넷 표준 중심

표준화 규격에는 전기·전자 관련 제품만을 다루는 국제전기기술위원회 IEC와 전기·전자를 제외한 나머지를 국제표준규격으로 하는 국제표준화기구ISO가 있다. IEC에는 여러 기구가 있으며, 그중 SMBStandardization Management

그림 13-1 IEC 62264(혹은 ISA-95)모델 한계

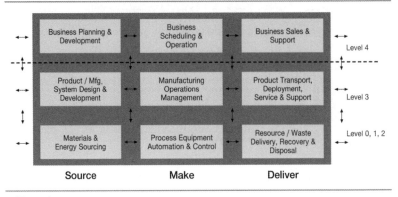

자료: www.iso.org

Board는 표준을 직접 다루는 역할을 하고 그 하위에 기술위원회TC와 전략 그룹SG 등을 두고 있다. 아직까지는 스마트공장 기술표준이 확정되지 않았고, IEC와 ISO가 공동으로 스마트공장 관련 전략·자문 그룹을 신설해 구체적인 표준화 작업을 논의 중이다. 현재는 스마트공장이 갖춰야 할 기본 구성요소를 지정하는 단계이다.

공장자동화 및 스마트공장 관련 국제표준화 동향을 살펴보면 IEC, ISO 외에도 ISA, MESA, OneM2M, IEEE P2413 등의 표준화 기구에서 국제표준화를 추진 중이다. 인더스트리 4.0에 대응하기 위한 표준단체도 국제적으로 조직되었고, 기존에 있던 조직 간의 통합·협업 단체까지 등장했다. 스마트제조 표준에 대한 총괄 역할을 수행하는 곳은 IEC SEG 7System Evaluation Group(2016.10)이다. 미국(로크웰)과 독일(지멘스)의 공동의장 체제로 운영되고 있으며 임시로 운영되던 위원회인 전략 그룹 8SG8의 후속으로 생성되었다. 스마트제조 범위 내에서의 시장·산업 발전에 대한 분석, 스마트제조 관련 표준을 IEC 내의 어떤 TC/SC에서 다룰 것인가 하는 표준화 방향을 정하는 일을 한다. 활동

이 끝나면 스마트제조 표준 로드맵, 스마트제조 표준 아키텍처, 스마트제조 관련 TC/SC 간의 상호 협력에 대한 권고안 등을 SMB에 보고한다.

독일 인더스트리 4.0에 대응하기 위해 IEC에서 SMB 산하에 전략 그룹 8 SG8을 신설하고, 참조모델 개발을 위해 제조 프로세스 통합 표준인 IEC 62264/ISA-95를 검토했으나 한계점에 직면했다. 가령 IoT/CPS 기반 유연 생산을 위해서는 레벨 4 도메인Biz.과 레벨 1 도메인(센싱, 제어)의 직접 소통이 필요했는데 IEC 62264 규격은 Level 0~3까지만 포함하고 있다. 또한 스마트제조를 위해서는 다른 비즈니스 영역(원자재, 에너지, 물류 등) 간의 소통도 필요하지만 IEC 규격은 공장 내 도메인만 포함해 기존 모델의 많은 부분을 변형시켜야 했다. 그러던 중 독일 BITKOM(정보통신협회), VDMA(기계산업협회) 및 ZVEI(전기전자제조업협회)에서 스마트그리드 아키텍처모델을 참조해 인더스트리 4.0에 대한 참조 아키텍처 및 컴포넌트 모델RAMI 4.0: Reference Architecture Model Industrie 4.0을 제시했다. 기본 구조는 3차원 계층 및 다섯 가지 공통적 특성(기능, 장치 및 설비, 성능, 환경, 비즈니스)과 이를 통합하는 수직적, 수평적, 상호 운용성 통합모델로 구성된다. 3차원 계층을 이해하기 위한 세 개의 통합모델은 다음과 같다.

· 지능화된 생산시스템과 기업 업무시스템에 대한 수직적 통합모델
· 제품의 개발부터 서비스, 기업 프로세스 및 모든 정보에 대해 실시간으로 최적화된 생애주기 및 가치 흐름에 대한 수평적 통합모델
· 수평적 모델과 수직적 모델의 호환성을 제공하는 안전성, 보안 및 정보통신 기술에 대한 상호 운용성 통합모델

IEC SG8에서는 RAMI 4.0이 스마트제조에서 요구하는 사항을 만족시키

는 것으로 판단했고 참조 아키텍처$_{RA}$는 RAMI 4.0에 기반을 두고 개발하기로 2015년 3월에 의결했다.

IEC SEG 7(IEC SG8 후속)의 첫 번째 주요 이슈는 전용 주파수 확보 문제이다. 향후 무선 기술들이 많이 쓰이게 되면서 공장자동화용 무선 프로토콜의 선점 경쟁은 치열할 것으로 예상된다. 지금까지 공장용 무선 프로토콜로 개발되어 표준화된 것들은 모두 1.4GHz 대역의 같은 주파수를 사용해 동일 공장 내 충돌이 많이 일어난다. 해결책으로 IEC CO가 ITU-R에 1.5~6GHz 대역의 주파수 할당을 요구하고 있지만 아직 긍정적인 답변을 받지 못하고 있는 상태이다.

두 번째 이슈는 공장 내의 모든 데이터 사전에 해당하는 CDD Common Data Dictionary 인터페이스 툴 관리 문제이다. 현재 사설로 관리되고 있는데, IEC에서는 CDD와 관련 인터페이스 툴인 Parcel Maker를 ITU에서 관리해줄 것을 요청하고 있다. 또한 IEC 외에 ISO에서도 TMB와 SAG가 결성되어 스마트 제조에 대한 표준을 다루는 기구가 새로 만들어졌는데 표준 활동 범위에 대한 두 기구의 업무 조정이 이루어져야 한다.

스마트팩토리의 또 다른 이슈 중 하나는 보안문제의 해결이다. 전체가 네트워크로 연결된 공장이 해킹을 당하면 심각한 손해를 입을 수 있다. 해킹에 활용되는 스파이 마이크로칩이 제조 단계의 제품에 들어갔을 경우 인프라 자체가 모두 망가질 수 있다. 러시아에서는 해킹을 할 때 활용되는 스파이 마이크로칩이 중국산 수입 다리미와 전기 주전자에 탑재된 일이 있었다.

스마트팩토리에는 자체적으로 운영하는 제어기(컨트롤러)도 있지만 자동 제어 분야에서는 PLC, DCS, SCADA 등과 같은 ICS Industrial Control System 를 많이 활용한다. SCADA 시스템은 제어대상시스템 및 네트워크에 각종 센서를 설치하고 이를 통해 관리자가 정보를 수집·분석해 필요한 조치를 수행한다.

또한 대규모 산업시설을 감시·통제하는 정보통신기반 시스템으로 전력·가스·수도 공급 및 교통 관리 등 대부분의 국가 기반시설과 대규모 산업시설이 정상적으로 작동하도록 직접적인 제어를 수행한다.

2010년 7월에는 독일 지멘스의 SCADA 시스템(WinCC/STEP 7)이 공격을 받아 이란 원자력 발전소에서 가동 중이었던 우라늄 원심분리기 1000대(전체의 약 10%)가 작동 불능 상태에 빠진 '스턱스넷' 해킹 사고가 있었다. 비교적 보안에 안전하다고 믿었던 ICS도 해킹의 대상이 될 수 있다는 것이 증명되었다. 기존 스마트공장의 ICS는 일반 IT 환경과는 다르게 폐쇄망 형태의 전용 회선과 독자적인 통신 프로토콜을 이용했으나 최근에는 자동제어 분야에서도 업무망과의 연계를 위한 인터넷 프로토콜 및 범용 표준기술을 많이 이용하고 있다. 상황이 이렇다 보니 인터넷 사이버 위협 및 보안 사고의 영향권 범위 내에 포함되게 되었다. 국내에서 스마트공장의 사이버 보안 위험 관리를 위한 프레임워크를 개발할 경우 국내 표준인 정보보호 관리체계 인증과 국제표준인 ISO/IEC 27001이 활용될 수 있다.

2 참조모델, RAMI 4.0 vs IIRA

4차 산업혁명은 2011년 독일의 인더스트리 4.0 이후 계속적으로 제조업계의 화두로 자리해왔다. 일각에서는 실질적인 행동 없이 개념만 떠돌고 있다며 회의적인 시선을 보내기도 했지만 최근에는 독일 '인더스트리 4.0 플랫폼'의 RAMI 4.0과 미국의 '산업인터넷컨소시엄IIC'의 IIRA Industrial Internet Reference Architecture 등 실질적인 움직임이 나타나고 있다.

IT 인프라를 구축할 때 예시로 참고할 수 있는 검증되고 최적화된 아키텍처모델을 '참조 아키텍처모델'이라고 부른다. 아키텍처 구성을 위한 공통의 표현과 기준을 정의한 것으로 아키텍처의 일관성 및 통일성, 상호 운용성을 확보할 수 있는 가이드를 제시한다. 이러한 참조모델은 시스템을 구축하는 개발자, 설계자 간 관점을 공유하고 애플리케이션 구성을 위한 중요한 틀을 제공한다. 내부 애플리케이션의 연계와 외부 인터페이스와의 통합, 공통적인 비즈니스 유틸리티와 온라인·배치 서비스, 애플리케이션 구축의 기반이 되는 코어 서비스, 데이터 액세스 서비스, 비즈니스 로직 등을 포함한다.

참조 아키텍처모델은 다음과 같은 관점을 제공할 수 있다.

· 어떤 개념과 역할을 지닌 시스템을 만들고자 하는가?

· 내부에 주요 모듈은 어떤 것이 있는가?

· 모듈들은 어떻게 상호 동작하는가?

· 시스템은 외부와 어떻게 연계되어 있는가?

· 소프트웨어 로직이 하드웨어상에 어떻게 배포되는가?

· 각각 구성요소의 역할은 무엇인가?

2.1 인더스트리 4.0의 RAMI

2015년 4월 독일 4차 산업혁명의 참조모델이 공개되었는데 이는 서로 다른 용어를 사용하는 업종 간의 의사소통을 위해 필요했다. IEC에서 만든 스마트그리드, 즉 지능형 전력망에 대한 표준 로드맵 아키텍처는 로드맵이 3차원적으로 되어 있다. 유럽연합 에너지 부문의 스마트그리드 모형은 에너지 가격에 따른 수요 조절 등이 가능한 시스템이다. 에너지원의 종류에 따라 에너지의 가격 차이가 많이 나는데 수요가 증가하거나 피크 타임 등으로 높은 가격의 에너지를 사용해 전력을 생산할 경우 생산단가가 상승한다. 이와 달리 재생 에너지원은 기후변화에 따라 좌우되기도 한다. 이처럼 스마트그리드 모형에서는 가격 변화를 고려해 에너지 구입과 사업장 가동 여부 등의 의사결정 구현이 가능하다. 가격 차이, 생산 비용 차이, 재생 에너지원의 특수성 등을 반영해 실시간으로 의사결정을 최적화할 수 있어 현재까지 스마트그리드 시스템은 에너지 부문에서 성공적으로 운영되고 있다.

스마트그리드에서 만들어진 이 아키텍처를 참조모델로 해 제조에서 비슷한 모델로 만든 것이 RAMI Reference Architecture Model Industry 4.0이다. IEC SEG 7(SG8 후속)에서는 스마트제조의 국제표준을 위해 RAMI 4.0을 기반으로 다음과 같은 작업을 수행하고 있다.

· RAMI 4.0 모델 내에 기능별 도메인 정의
· 도메인에 해당하는 기능에 대한 유즈케이스 도출
· 유즈케이스에 해당하는 IEC 내의 TC(Technical Committees) 확인
· 해당 TC에서 개발 완료 또는 개발 중인 표준 확인
· 유즈케이스와 표준에 대한 GAP 분석
· 향후 표준 개발의 방향 제시 → 스마트제조 표준 로드맵

참조모형 RAMI 4.0은 제품생산, 의사소통, 생애주기라는 세 개의 요소를 통합해 정보의 흐름과 가치사슬과 경영을 연결하고 있다.

첫 번째 축은 수직적 통합모델이자 시스템 레벨과 관련되어 있는 축으로 IEC 62264 및 IEC 61512에 기반을 둔다. 기존의 표준이 센서, 액추에이터 등 필드 디바이스부터 전사시스템인 엔터프라이즈까지 다루고 있는데, 여기에 자율 및 유연 생산을 위한 제품 Product 과 가치사슬상에서의 통합·협업을

그림 13-2 독일 4차 산업혁명 참조모형 RAMI 4.0

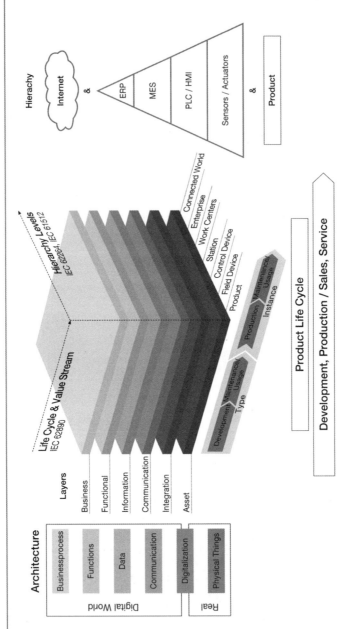

자료: BITKOM·VDMA·ZVEI(2015).

위한 현실세계의 연계까지 영역 확장을 모색하고 있다. 수직적 통합모델은 생산시스템이 공장 자산(예: 센서, RFID, 리더기 등 유형의 자산 및 에너지 등 무형의 자산 포함)의 모든 정보를 기업 업무시스템과 실시간 연계해 비즈니스를 지원하고, 공장 전체의 생산성 향상과 최적화 달성을 제시한다. 또한 생산시스템의 물리적 계층과 기업 운영에 요구되는 기업 업무의 기능적 계층이 상호 지능적으로 연동되어 유연한 생산전략을 가능하게 한다.

두 번째 축은 수평적 통합모델이자 프로세스 레벨과 관련되어 있는 축으로 IEC 62890에 기반을 둔다. 수직적 통합모델 구성요소의 디지털화와 연결된 축으로 공장운영에 관련된 제품부터 정보까지 다양한 객체에 대한 생애주기 및 가치 흐름을 담당한다. 생애주기는 공장에서 생산되는 제품, 주문 및 구매, 생산시스템과 그 구성요소뿐만 아니라 공장 자체도 포함한다. 가치 흐름은 디지털화를 통해 여러 기능을 연계시키는 역할을 하며, 구매, 주문, 조립, 물류, 유지 및 보수 관리, 고객 및 공급자와 연계는 중요한 잠재력을 제공한다.

세 번째 축인 상호 운용성은 스마트공장 개발에 참여하는 관계자들이 비록 지역적으로 떨어져 있고, 다양한 인프라 환경에 서로 다른 정보시스템을 보유하고 있다 하더라도 필요한 데이터를 효과적으로 상호 교환할 수 있도록 하는 능력을 말한다.

· 하드웨어·소프트웨어 컴포넌트, 시스템, 플랫폼 기기 간 통신 프로토콜과 이를 처리하기 위해 필요한 인프라 상호 운용성
· 상기 통신 프로토콜에 의해 전송되며 구문과 인코딩 방식을 정의하고 있는 데이터 포맷의 상호 운용성
· 상기 데이터 포맷으로 전송되는 콘텐츠에 대한 의미 번역 및 공통된 이해를 위한 상호 운용성

스마트공장의 상호 운용성 보장을 통해 스마트공장 운영자, 소비자 및 이해관계자는 하드웨어나 소프트웨어를 직접 구입해 사용하는 것이 가능하며, 상이한 스마트공장 환경으로 서비스를 전환할 때에도 기 구입한 제품들의 재활용이 가능해야 한다. 기존 네트워크를 좀 더 지능화된 시스템으로 전환하기 위해 스마트공장 운영자는 그들의 고객과 시장에 적합한 스마트공장을 목표로 설정하고, 유연한 사업 프로세스와 상호 운용 가능한 솔루션을 제공할 수 있는 표준화된 프레임워크 기반의 스마트공장 접근 방식을 개발하는 것이 필요하다. 계층 구조의 구성과 기능은 다음과 같다.

① 업무 계층Business Layer
  - 생애주기 가치 흐름과의 기능적 통합 보장
  - 업무모델과 그 결과에 따른 전체 프로세스 매핑
  - 법적·규제적 조건
  - 시스템이 수행해야 할 규칙의 모델링
  - 기능 계층에서 제공하는 서비스의 조율
  - 다른 업무 프로세스 간 연계
  - 업무 프로세스보다 앞서 있는 이벤트 취득
② 기능 계층Functional Layer
  - 각 기능에 대한 기술
  - 다양한 기능의 수평적 통합을 위한 플랫폼
  - 업무 프로세스를 지원하는 서비스 실행 및 모델링 환경
  - 기업 업무시스템과 기술적 기능성에 대한 실행 환경
③ 정보 계층Information :Layer
  - 이벤트의 사전 처리를 위한 실행 환경

- 이벤트와 연관된 규정 실행

- 규정에 대한 기술

- 이벤트 사전 처리

- 모델을 표현하는 데이터의 지속성

- 데이터 무결성 보장

- 새로운 데이터의 수집

- 기능 계층에서 사용되는 데이터의 수집 및 가공

- 컴퓨터로 정보처리할 수 있도록 물리적 구성요소, 문서, 소프트웨어

  등의 정보 제공

④ 통신 계층Communication Layer

- 일정한 데이터 포맷을 사용해 정보 계층과 통신

- 통합 계층의 제어를 위한 서비스 제공

⑤ 통합 계층Integration Layer

- 컴퓨터로 프로세스화된 형식의 자산 정보 규정

- 컴퓨터를 이용한 기술적 프로세스의 제어

- 자산에서 이벤트 생성

- RFID, 센서, HMI와 같은 정보기술과 연결된 구성품

⑥ 자산 계층Asset Layer

- 부품, 제품, 문서, 회로도, 아이디어 같은 물리적 구성요소의 표현

- 사람(작업자)

- 통합 계층에 수동적으로 자산을 연결(예: QR 코드를 통해 인스턴스 생성)

지금까지 공장에서의 네트워크는 OA망과 FA망으로 철저히 분리되어 운
영되었다. 사무실에 있는 서버와 네트워크 장비는 공장 내의 센서, 로봇, 액

그림 13-3 인더스트리 4.0의 컴포넌트모델

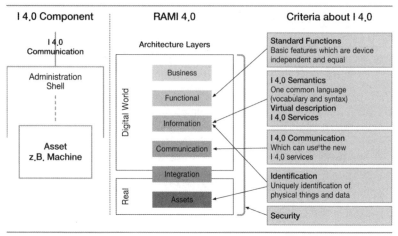

자료: www.plattform-i40.de

추에이터 네트워크와 따로 설치·운영되었다. 미래 스마트제조 환경에서는 이런 것들이 통합되어 필드의 센서 데이터가 사무실 내 모든 컴퓨터의 데이터와 서로 연동할 수 있는 환경이 만들어져야 한다. 이런 생각을 바탕으로 공장 내 디바이스 설계와 구성에 대한 표준을 인더스트리 4.0에 포함하는 레퍼런스모델을 만들었다.

인더스트리 4.0 컴포넌트들은 기본적으로 Administration Shell(Data와 Function 포함)을 가지고 이를 통해 사물들Things 간의 연동을 가능하게 한다. 아무런 아이덴티티가 없는 기존 공장의 사물에 Administration Shell 기능을 부가해 어떤 데이터를 받아들이고 어떤 데이터를 누구에게 주어야 하는지에 대한 기능을 갖게 한다.

사물뿐만 아니라 소프트웨어나 공장 내에서 사용하고 있는 모든 소프트웨어 컴포넌트들을 Administration Shell이 가능하도록 구조화해 서로 연동할 수 있게 한다.

Administration Shell은 Identification, Communication, Configuration, Engineering, Condition Monitoring으로 나뉜다.

- · Identification
  - ISO 29005
  - URI Unique ID
- · Communication
  - IEC 61784 Fieldbus Profiles Chapter 2
  - IEC 62541 OPC UA
- · Configuration
  - IEC 61804 EDDL
- · Engineering
  - ISO 10303 STEP
  - IEC 61360/ISO 13584 Standard Data Element
  - IEC 61987 Data Structures and Elements
- · Condition Monitoring
  - VDMA 24582

2.2 IIC의 IIRA

독일의 인더스트리 4.0 이후 각 국가별·기업별로 다양한 영역과 단체에서 제조업 중심의 주도권을 잡기 위한 헤게모니 전쟁이 한창이다. 대표적으로 미국의 IICIndustrial Internet Consortium(산업인터넷컨소시엄)를 들 수 있는데 이는 GE를 중심으로 IBM, Intel 등이 산업인터넷의 우선순위를 조정하고 그에

그림 13-4 IIC의 IIRA 프레임워크와 Functional Domains

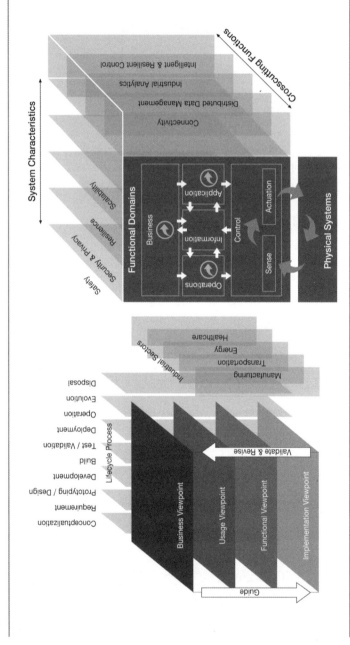

자료: http://www.iiconsortium.org

필요한 기술적 응용을 위해 2014년 3월에 설립되었다. 여기에는 독일 기업을 포함해 약 250개 기업이 참여했다. 대학의 참여가 저조하고 내부 표준을 세계 표준으로 정하는 것을 목표로 하고 있는 인더스트리 4.0에 비해 IIC는 표준화에 적극적이지 않다. IIC는 산업계의 주요 이슈 해결을 위한 실질적인 과제를 중심으로 활동하고 있으며 2015년에는 참조 아키텍처인 IIRA Industrial Internet Reference Architecture 를 발표했다.

이 참조 아키텍처는 ISO/IEC/IEEE 42010의 시스템 아키텍처 기술에 기초하고 있으며 이해관계자별 네 가지 관점(비즈니스, 활용, 기능, 실행)을 제시하고 그 위에 안전성, 보안성, 탄력성, 확장성 등의 품질 특성을 정의한다. 비즈니스 관점(Why)의 이해관계자에는 비즈니스 의사결정자, 시스템 엔지니어, 제품 관리자가 있고, 활용 관점(What)에서는 시스템 엔지니어, 제품 관리자, 시스템 아키텍트가 있다. 기능 및 실행 관점(How)의 이해관계자에는 아키텍트, 엔지니어, 개발자, 인티그레이터, 오퍼레이터 등이 포함된다. IIRA의 기능 도메인은 비즈니스, 운용, 정보, 응용, 제어로 구분되며 이러한 도메인 사이를 데이터와 제어의 흐름이 순회한다. 제어 도메인은 검출Sense 과 동작Actuation 이 있으며 물리시스템과 상호작용한다. 기능 도메인 각각에 필요한 공통의 보안기능은 '정보기술 보안 평가를 위한 공통기준'인 국제표준 ISO/IEC 15408에 기초하고 있다.

인더스트리 4.0은 제조 산업의 전체 가치사슬Value Chain 을 다루는 수평적 방향으로, IIC(산업인터넷컨소시엄)는 에너지, 헬스케어, 제조업, 공공부문, 교통 등 수직적 영역을 중심으로 발전하다가 2016년 3월에 인더스트리 4.0 과 IIC 두 아키텍처의 공조 가능성이 논의되었다. 이에 두 모델 요소 간에 직접적인 관계가 있는 것과 상호 운용성을 높이기 위한 명확한 로드맵의 드래프트 매핑이 제시되었다. 또한 향후 테스트 베드 영역에서의 협력과 산업인터넷의 표준화, 사업 성과를 찾아가기로 했다. 요즘은 산업의 수직 통합에서 업계를 넘나드는 수평 통합이 이루어지고 있다. 업계마다 플랫폼이 다른 것은 틀림없지만 업체의 입장에서는 가능한 한 공통 플랫폼을 구축해 수평적인 공통화로 시너지 효과를 거둘 수 있기를 원하고 있다. 또 기술적인 면에서도 표준화를 제대로 해두면 어떤 계층도 같은 인터페이스로 만들 수 있으므로 어느 업계에서도 사용이 가능해져 결국 시장 전체적으로 수익을 창출할 수 있다. 통합 움직임의 특징이 지금까지의 수직구조에 의한 통합에서 향후 수평적 관계나 협력 관계로 만들려는 분위기가 조성되고 있다. 유럽과 미국의 표준화 움직임은 기술적 표준을 수립하는 것이 아니라 다양한 에코 시스템을 사업에 적용하기 위한 계기를 마련한다는 목적하에 활동하고 있다는 점을 눈여겨봐야 한다.

RAMI, IIRA 외에 인더스트리 4.0이라는 틀에서 새롭게 조망되고 있는 기술에는 AutomationML, OPC UA 등이 있다. AutomationML은 IEC 62714를 통해 국제표준화가 추진되고 있는 기술로 XML을 통해 장비, 플랜트 등에 필요한 엔지니어링 데이터를 메카트로닉스적인 접근법으로 정의한 일종의 데이터모델이다. 엔지니어링 프로세스에 해당하는 기획, 상세설계, 그리고 설계데이터를 활용한 설계검증 혹은 가상 시운전 단계에서의 연속적인 활용을 목표로 한다. 생산시스템에서 필드영역과 제어영역, 비즈니스영역 간에는 수많은 정보들이 오고 가는데 갈수록 정보들이 복잡해지면서 교환해야 할 데이터의 양도 증가하고 있다. 그러나 각기 다른 벤더들로부터 제공되는 하드웨어나 소프트웨어들은 제조사별로 다른 인터페이스를 가지고 있기 때문에 시스템의 통합이나 확장의 장애요소로 작용한다. 이 같은 문제 해결을 위한 OPC UA OPC Unified Architecture (IEC 62541)는 스마트공장을 구축하기 위한 필수적인 네트워크 기술로 2012년에 발표되었으며, 플랜트 등 산업현

그림 13-5 인더스트리 4.0과 IIC의 협업

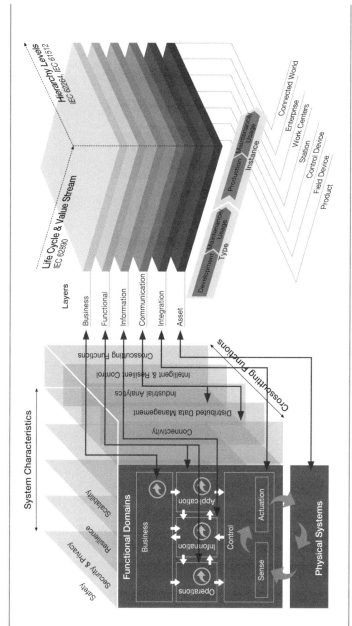

자료: http://www.iiconsortium.org

장에서의 활용을 목적으로 객체 지향의 표준화된 통신 방식을 지원하던 OPC로부터 진화되었다. 표준정보모델에 특정한 기술 혹은 분야에 따라 정보모델을 추가적으로 정의하고 이를 통합할 수 있도록 지원하며, 보안기능 역시 강화된 것으로 알려져 있다. 실제 독일에서는 프라운호퍼 연구소를 중심으로 AutomationML를 정보모델에 추가 정의해 네트워크를 통해 분산된 환경에서도 단절 없는 엔지니어링을 실현하는 노력을 진행하고 있다. 제조 공정의 기기들 및 제어 장치 간의 데이터 송수신을 위한 인터페이스 표준으로 DDSData Distribution Services, OPCUA, MTConnect 세 가지 표준이 제조 현장에서 활용 중이며, OPC-UA와 MTConnect 간의 연동을 위한 표준은 이미 완료되어 있다.

2016년 3월 미국의 산업인터넷컨소시엄ⅡC과 독일 인더스트리 4.0 컨소시엄이 장비 간 통신 표준을 OPC UA로 잠정 결정해 장비 및 소프트웨어 벤더나 엔드 유저들에게 더욱 폭넓은 이익을 제공했다.

이전까지는 지멘스(독일), 로크웰 오토메이션(미국), 미쓰비시(일본) 등 세계적인 장비업체들이 자체적인 통신체계를 탑재해 설비를 만들어왔다. 하지만 타 회사 제품 간에 통신이 호환되지 않아서 IT를 활용해 제조공정을 혁신하려는 업체들은 울며 겨자 먹기식으로 많은 비용을 지불하며 특정 업체 단말기를 구입해야 했다. 그러나 기계 간 통신 표준이 확정되면 사정이 달라진다. OPC UA 표준을 채택한 장비들은 당연히 별도의 인터페이스 드라이버 설치 없이 인터페이스가 가능하기 때문에 말 그대로 Plug & Play가 가능해지는 것이다.

3 스마트팩토리 진단·평가 모델

글로벌 대기업들은 대부분 소프트웨어와 하드웨어 결합을 통한 공장자동화로 다품종 대량생산에 대응한다. 하이테크 산업은 설비 온라인을 통한 설비와 센서들이 모두 네트워크로 연결되어 있어 작업자의 도움 없이 모든 작업이 자동으로 이루어진다. 다만 설비 발주시기에 설비 온라인에 대한 사양서가 벤더에 제공되더라도 여전히 설비 중심적이고 유지보수 비용이 많이 발생하며, 폐쇄적 구조 때문에 기능 확장에 많은 애로사항이 있다.

중소기업 중에도 오래전부터 바코드나 RFID를 활용해 초기 단계의 공장자동화를 시행하고 있는 곳이 많이 있다. 즉, 정도의 차이만 있을 뿐 중소기업이나 대기업에서 사용하고 있는 IT 기술 기반의 실시간 공정관리 모두가 스마트공장의 구성요소에 속한다고 볼 수 있다. 고도화 수준에 대한 제조현장(수요자)과 IT 분야(공급자) 간의 의견 차이가 존재하지만 생산최적화를 위해 ICT 기술을 얼마만큼 융합해서 활용하느냐 하는 문제이다.

산업통상자원부에서는 국내 제조기업이 자사의 공장 수준을 객관적으로 진단·평가할 수 있도록 평가모델을 도입했다. 스마트공장 진단모델은 전략 및 리더십, 프로세스, 시스템·자동화 구축 여부, 성과 등을 포괄하는 종합평가체계를 발표해 KS 표준화를 진행하고 맞춤형 진단컨설팅도 제공하고 있다. 여기에는 총 네 개 분야, 열 개 영역, 95개 세부 평가 항목을 1000점 만점으로 평가해 영역별로 다섯 단계의 수준별 인증을 실시하고 있다. 제조기업이 스마트공장 수준을 자발적으로 향상시켜 나가는 로드맵으로서 역할을 할 것으로 기대된다(산업통상자원부, 2015c).

확산도 및 성숙도를 바탕으로 스마트공장 수준을 다음과 같이 다섯 단계로 정의하고 있다. 또한 세부 평가 항목 선정도 이어서 제시한다.

표 13-2 스마트공장 수준 진단평가 항목

구분	평가 영역	주요 내용	평가 항목 수
경영시스템 (100점)	리더십·전략	리더십, 운영전략, 실행관리, 성과관리 및 개선	8
프로세스 (400점)	제품개발	설계 및 제작, 개발관리, 공정개발	12
	생산계획	기준정보관리, 수요 및 주문대응, 생산계획	5
	공정관리	작업할당, 작업진행관리, 이상관리, 재고관리	5
	품질관리	예방, 시정, 심사 및 표준관리, 검사, 시험	12
	설비관리	설비가동, 설비보전, 보전자재, 금형·지그 관리	6
	물류운영	구매외주관리, 창고관리, 출하배송	7
시스템· 자동화(400점)	정보시스템	ERP & SCM, MES, PLM, EMS 등	20
	설비 컨트롤	제어모델, 제어유연성, 자가진단, 네트워크 방식, 지원설비	10
성과 (100점)	성과	생산성, 품질, 원가, 납기, 안전·환경, 보전	12
합계 (1000점)		10개 모듈, 95개 평가 항목으로 구성	95

자료: 산업통상자원부(2015b).

1단계: 점검(Checking) 단계

  - ICT를 아직 적용하지 않은 단계

  - 체크시트, 작업 일지 등을 수기로 관리함

  - 상태를 단순 감지하며 외부 시스템과 연계되지 못함

2단계: 모니터링(Monitoring) 단계

  - ICT를 활용해 실적 및 상태 정보가 수집되는 단계

  - 눈으로 보는 관리가 가능하며 실시간 정보의 추적이 가능함

  - 감지 결과를 외부 모니터링 시스템에 데이터로 보여줌

3단계: 제어(Control) 단계

  - 수집된 정보를 분석해 이상을 발견하고 조치함

그림 13-6 스마트공장 성숙도 수준 정의

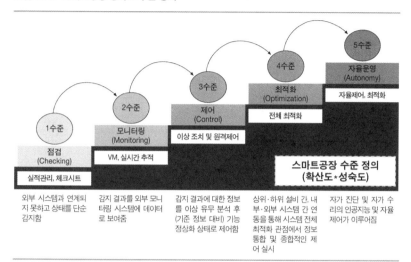

				5수준 자율운영 (Autonomy) 자율제어, 최적화
			4수준 최적화 (Optimization) 전체 최적화	
		3수준 제어 (Control) 이상 조치 및 원격제어		
	2수준 모니터링 (Monitoring) VM, 실시간 추적			
1수준 점검 (Checking) 실적관리, 체크시트				

스마트공장 수준 정의
(확산도 × 성숙도)

외부 시스템과 연계되지 못하고 상태를 단순 감지함	감지 결과를 외부 모니터링 시스템에 데이터로 보여줌	감지 결과에 대한 정보를 이상 유무 분석 후 (기준 정보 대비) 기능 정상화 상태로 제어함	상위·하위 설비 간, 내부·외부 시스템 간 연동을 통해 시스템 전체 최적화 관점에서 정보 통합 및 종합적인 제어 실시	자가 진단 및 자가 수리의 인공지능 및 자율 제어가 이루어짐

자료: 산업부통상자원부(2015a).

  - 설비 및 기계를 유무선 네트워크를 통해 원격으로 제어가능

4단계: 최적화(Optimization) 단계

  - 빅데이터 기술, 전문가시스템, 시뮬레이션 기법 등을 활용해 사전 대응 시스템을 구축함

  - 최적화기법(선형계획법 등)을 활용해 얻은 결과를 의사결정에 활용

5단계: 자율운영(Autonomy) 단계

  - 모니터링, 제어, 최적화가 사람이 아닌 시스템에 의해 자율운영이 가능함

  - 무인화 공정이 확산되어 전체 공장을 자율운영할 수 있는 상태임

  - IoT, CPS 기술 등이 완벽히 통합되어 물리적 공장과 디지털 공장이 같아지는 이상적인 디지털 트윈(Digital Twin)을 구축함. 디지털 트윈은 가상 환경이 현실에서 그대로 구현되는 것을 의미함

리더십전략부문

영역, 프로세스	No	평가 항목
리더십 시스템	1-1	리더십 사이클이 포함된 리더십 시스템
조직구조 및 분장업무	1-2	하부 조직의 과업과 직무 조직화
중장기 운영전략	1-3	중장기 운영전략 및 경영계획 수립
연간 운영계획	1-4	사업계획 수립 프로세스 및 사업계획
역량 및 적격성 관리	1-5	구성원 역량개발 및 적격성 관리
스마트 기술관리	1-6	스마트 기술 도입 및 관리(생산성, 에너지, 환경, 안전, 보안)
성과(KPI)관리	1-7	성과관리 프로세스 및 KPI 관리
지속적 개선	1-8	지속적 개선을 위한 활동, 프로세스

제품개발부문

영역, 프로세스	No	평가 항목
설계	2-1	설계 툴 활용 역량 및 적합성
	2-2	설계 시스템의 구축 및 적합성
제작	2-3	시제품 제작 장비 및 시스템의 적합성
	2-4	정보, 데이터 프로세스 정립 여부 및 활용 수준
BOM 생성 및 관리	2-5	기준정보 생성·검증·조회, 설계변경의 활용·추적
	2-6	CAD, BOM 및 실제품의 3점 정합성
개발 프로젝트	2-7	목표원가, 품질, 자원 배분 및 위험요인 파악
협업체계	2-8	협업시스템 사용 및 제품 데이터 유관시스템 통합
표준화, 공용화	2-9	개발 관련 표준화·공용화 활동 및 대체품 확보
공정 계획	2-10	설비 레이아웃, 시뮬레이션, 양산 준비 및 유연성
작업 효율성	2-11	공정지침서, 작업표준서, 설비 및 치공구 준비
모니터일 및 통제	2-12	전 공정 모니터링과 총체적 즉각 통제

공정관리

영역, 프로세스	No	평가 항목
작업 할당	3-1	작업계획 수립 및 지시
작업진행관리	3-2	주문 진척관리
	3-3	생산실적 마감관리
이상발생관리	3-4	이상발생 대응관리
제공관리	3-5	재공품(반제품)의 적정 수준관리

생산계획부문

영역, 프로세스	No	평가 항목
기준정보관리	4-1	기준정보 운영
수요 및 주문내용	4-2	고객 수요·주문에 대한 대응
생산계획	4-3	중장기 생산계획 (SOP: Sales & Operation Planning, 연/분기/월)
	4-4	단기 생산일정계획 (MPS: Master Production Scheduling, 주/일)
	4-5	계획정보와 실행정보의 통합운영(ERP&MES)

품질관리

영역, 프로세스	No	평가 항목
예방, 시정	5-1	고객품질 정보사항 관리
	5-2	부적합 제품 Tracking
	5-3	시정조치 사항 대응관리
	5-4	APQP/ISIR/4M 변경관리
	5-5	과거품질 등록·조회·표준항목·이력 관리
	5-6	고객 만족·클레임 관리
품질기준	5-7	심사(감사)관리
	5-8	품질개선관리
	5-9	품질표준(업무표준, 기술표준)
검사, 시험	5-10	초중종물 품질검사 및 실적 피드백
	5-11	공정검사 및 데이터 분석, 모니터링
	5-12	측정기·검사장비의 신뢰성·성능 관리

설비관리

영역, 프로세스	No	평가 항목
설비가동	6-1	설비가동 진단 및 모니터링
설비보전	6-2	설비구조 및 성능변경 관리
	6-3	설비별 효율·고장·부동·수리 이력관리
	6-4	설비 선행보전 종합관리기능
보전자재	6-5	보전자재·설비부품(예비품)
금형·지그 관리	6-6	금형·지그·공구 관리

물류운영

영역, 프로세스	No	평가 항목
구매, 외주	7-1	자재소요량 관리
	7-2	발주 및 납기 관리
창고, 재고	7-3	입출고 관리
	7-4	적재 및 보관
출하배송	7-5	선입선출(FIFO)
	7-6	파킹 및 출하 관리
	7-7	수송·배송·배차 정보관리

설비컨트롤

영역, 프로세스	No	평가 항목
설비 자동화	8-1	핵심 생산설비의 설비 자동화 정도
설비 제어방식	8-2	물류설비 제어방식
	8-3	품질검사 방식 및 검사정보 공유
네트워크 방식	8-4	생산설비 정보관리 및 네트워크 방식(Networking)
	8-5	생산정보의 보안성(Network Security)
공장안전·환경·에너지 관리	8-6	공장안전, 환경오염, 에너지 절감 대응 수준

성과

영역, 프로세스	No	평가 항목
생산성(P)	9-1	시간당 생산량(Throughput Rate)
	9-2	설비종합효율(Overall Equipment Effectiveness)
품질(Q)	9-3	불량률
	9-4	공정능력지수
원가(C)	9-5	매출액 대비 제조원가 비율
	9-6	재료비비율
납기(D)	9-7	재고회전율
	9-8	유실률
안전(S), 환경(E)	9-9	재해 건수
	9-10	에너지 원단위
보건(M)	9-11	MTBF, MTTF, MTTR
	9-12	개선수리시간비율(Corrective Maintenance Ratio)

정보시스템

영역, 프로세스	No	평가 항목
ERP & SCM	10-1	경영관리
	10-2	생산계획 및 관리
	10-3	구매관리
	10-4	자재·재고 관리
	10-5	출하·배송 관리
MES	10-6	공정관리
	10-7	품질관리
	10-8	설비관리
	10-9	데이터 분석 및 통계관리
	10-10	예비품·금형 관리
PLM	10-11	도입 및 기술문서 관리
	10-12	기준정보 및 BOM 관리
	10-13	설계변경관리
	10-14	개발 프로젝트 관리
	10-15	협업 및 아웃소싱 관리
FEMS	10-16	에너지 기준정보관리
	10-17	에너지 사용 및 흐름 데이터 관리
	10-18	에너지 사용 현황관리
	10-19	에너지 수요공급 최적화 관리
	10-20	에너지 통합 관리 시스템

부록 1. 사물인터넷 플랫폼*

1 브라이틱스 IoT 소개

브라이틱스 IoT™는 On Premise에서 Cloud까지 확장 가능한 신뢰성 있는 아키텍처상에서 IoT 디바이스 연결, Legacy 시스템 및 외부 데이터의 고속 연결 및 처리를 지원하며, 표준화된 API와 Data Bus를 통해 복합 이벤트 처리와 지능화된 서비스 개발을 지원하는 삼성SDS 전사 공통 플랫폼이다.

다양한 센서와 디바이스를 쉽고 빠르게 연결하고 이로부터 수집된 수많은 정형·비정형 데이터를 비즈니스 프로세스 기반으로 실시간 처리해 제어·분석·예측 서비스를 지원한다. 브라이틱스 IoT의 주요 특징은 다음과 같다.

① IoT·설비 기기 인결 및 데이터 수집
   - 클라우드 기반의 IoT 기기 연결, 인증, 모니터링(MQTT, CoAP 등)
   - 근거리 Edge 환경에서의 IoT 기기 연결(Zigbee, Modbus)

---

* 삼성SDS '브라이틱스 IoT' Sales Material(2016a), SDC 2016 Session: Building Enterprise IoT Services with Brightics IoT(https://www.youtube.com/watch?v=Z1boU00135o)를 참고했다.

브라이틱스 IoT 개요

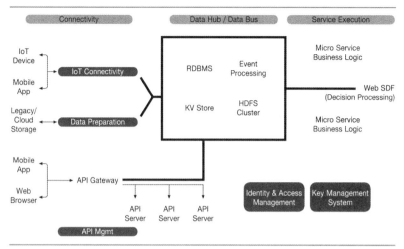

자료: https://www.samsungsds.com/global/ko/solutions/off/insa/brighticsIoT.html

② Mobile 서비스

- Mobile App 개발에 유용한 REST API 개발 환경 제공

- 운영 국가에 따라 GCM/APNS, MQTT 기반 자체 Notification 선택
  적 운용

- Android/iOS 데이터 수집 및 제어용 SDK 제공

③ 빅데이터 수집·처리

- 대용량 Data(DB, File, Log) 고속 수집 및 축적

- 멀티 소스(ftp, HDFS, RDB, Kafka, S3, REST 등) 데이터 통합 수집 및
  축적

- 데이터 수집 및 처리 flow, Schedule 관리를 위한 UI 제공

④ 확장 가능한 아키텍처

- On-Premise용 Light Version 제공

- 초당 5만 건의 이벤트 처리가 가능한 Scale-Out 아키텍처

- IoT/Mobile 기반 고성능 클라우드 서비스 개발 지원

2 브라이틱스 IoT 아키텍처

브라이틱스 IoT는 데이터 수집 및 분석에 특화된 각종 스마트 솔루션 및 지능형 서비스 개발을 지원하는 Cloud, On premised 기반의 IoT, Mobile, Big Data 공통 플랫폼이다.

2.1 Edge IoT Connectivity

근거리·저전력 네트워크 또는 설비기기의 직접 연결을 통한 서비스 수행

① Local 내의 근거리 통신 IoT 연결기능 제공

- 근거리 지원 프로토콜: Modbus, ZigBee Connection 지원

- 사용자 정의 Protocol Adaptor 추가 지원

② IoT 디바이스 데이터 수신 및 제어 제공

- Edge의 IoT Event Processing을 위한 Rule Script Engine Library로 경량화 탑재

③ Cloud로 데이터 송신 제공

- Edge 수집기능의 Cloud 전송기능 지원

④ RestAPI 기반으로 IoT 디바이스 상태 확인 및 제어

- IoT Data Access용 Rest API 제공으로 모니터링

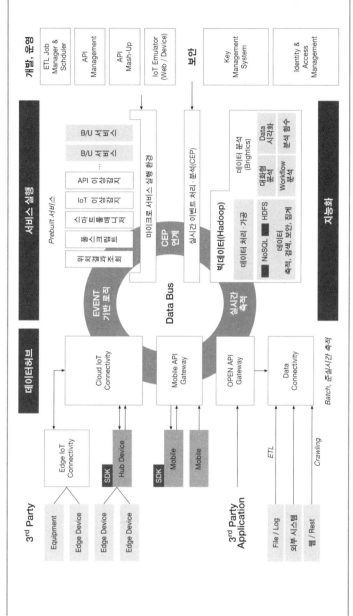

개발, 운영
- ETL Job Manager & Schduler
- API Management
- API Mash-Up
- IoT Emulator (Web / Device)

보안
- Key Management System
- Identity & Access Management

서비스 실행

Prebuilt 서비스
- 워크플로 조회
- 풀스크립트
- 스크립트에디터
- IoT 에이전트
- API 에이전트
- B/U 서비스
- B/U 서비스

마이크로 서비스 실행 환경

CEP 연계
실시간 이벤트 처리 · 분석(CEP)

지능화

데이터 분석 (Brightics)
- 대화형 분석
- Workflow 분석
- Data 시각화
- 분석 함수

빅데이터(Hadoop)
- 데이터 처리 · 가공
- NoSQL
- HDFS
- 데이터 축적, 검색, 보안, 집계

EVENT 기반 로직

Data Bus

실시간 축적

데이터허브
- Cloud IoT Connectivity
- Mobile API Gateway
- OPEN API Gateway
- Data Connectivity

Batch, 준실시간 축적

3rd Party
- Equipment
- Edge Device
- Edge Device
- Edge Device
- Edge IoT Connectivity
- SDK Hub Device
- SDK Mobile
- Mobile

3rd Party Application
- File / Log
- 외부 시스템
- 웹 / Rest
- ETL
- Crawling

자료: 삼성SDS '브라이틱스 IoT' Sales Material(2016a).

2.2 Cloud IoT Connectivity

스마트 디바이스를 서버·클라우드에서 직접 연결해 연결, 이벤트 수신, 제어, 관리를 수행

① 디바이스 등록 및 인증
- 디바이스 지원 프로토콜: MQTT, CoAP, WebSocket, TCP
- AES256 기반 암호화 지원
- 디바이스 인증 Key 발급 지원

② 원격에서 디바이스 상태 및 Event 관리
- IoT Data Access용 Rest API 제공으로 모니터링
- IoT 이벤트 모니터링, 메시지 포맷 정의기능 제공
- Firmware Update 기능 제공(요청, 강제)

③ IoT Event 기반 애플리케이션 개발 지원
- IoT Event 메시지 단위로 Application 개발할 수 있는 개발체계 지원

④ Device용 SDK 제공어
- SDK 지원 언어: Object C, C#, C++, Java

2.3 Mobile API Server & Notification

모바일 개발에 유용한 REST API 개발 환경, Open API Gateway, Notification 제공

① Mobile Logic REST API 개발 환경

- Native App, Web App 개발에 용이한 REST API 개발 및 테스트 환경 제공

- 코드 변경 없이 Cloud 운영 환경으로 확장 가능

② Mobile Business Logic의 API Publishing 제공

- Annotation 기반의 REST API 자동 등록 가능

- API 조회·등록이 가능한 브라이틱스 IoT 포털 제공

③ Notification 제공, API를 통한 디바이스 모니터링

- Java/C 버전 SDK 제공

- GCM과 APNS, MQTT 기반 Notification Alarm 제공 선택 운용 가능

- API를 통한 IoT 데이터 상태 조회기능 제공

2.4 IoT Event driven Web based Development Environment

Web 환경에서 Script 기반의 정의 도구를 제공하며 In-Memory 방식의 Streaming 기반 CEP 통합 제공

① Web 기반 서비스 개발 환경 제공

- Web 환경에서 Script 기반의 정의 도구 제공(Java based Script Language)

- Rule Engine에 기반을 둔 IoT Event Processing을 위한 API 제공

② In-Mobile Data Fabric 기반 실시간 이벤트 처리

- In-Mobile Data Fabric 기반, 여러 디바이스 또는 서로 다른 이벤트를 실시간으로 처리 가능한 복합 이벤트 처리기능 제공

③ Web 기반 Simulator 제공(Virtual IoT Device)

- 테스트를 위한 Virtual Thing 테스트 환경 제공

- 대화 형식의 실시간 Event Log 확인

2.5 API Management

API 기반의 Scalable Cloud Service 제공을 위한 관리·운영 체계 제공

① API 등록 관리·개발자 포털 환경 제공

- API Catalog 제공

- 고객이 API를 직접 찾아 사용하고 소통할 수 있는 환경 제공

- API 개발자 포털 제공

② Multi-Tenancy 지원

- Tenant별 Domain/관리 포털 지원

- Data/Execution/Performance Isolation 지원

③ API 트래픽 관리

- Usage/Bandwidth Quota 기반 Throttling

④ Monitoring/Monetize 지원

- API 사용통계 제공, 사용기반 과금 정보 저장 및 연계

2.6 Data Preparation

Central Ingestion Framework 기반으로 다양한 분산 Data Source에서 데이터를 수집해 통합 취합하는 환경 제공으로 다수의 데이터를 단일 창구로 통합·수집·관리 수행

① 대용량 데이터(DB/File/Log) 고속 수집

- Hadoop 기반의 Parallel Processing으로 데이터 적재 후 고속 프로세싱 지원

- 적재 → 변환 → 검증 → Publish로 이어지는 데이터 수집 파이프 체계 지원

- 각 단계별 최적화 및 Optimizing 지원

② 데이터소스 타입 10종 지원

- SFTP, FTP, RestAPI, Hadoop, S3, Local File, Kafka, Postgre, Mysql, Oracle 10종 지원

- Data/Execution/Performance Isolation 지원

③ 타깃 데이터 타입 4종 지원

- Hadoop, Elasticsearch, OpenTSDB, MySQL

④ 작업설정 및 스케줄링 UI 제공

2.7 Key Management System

Multi Tenant Big Data 환경에서 Tenant의 보안정책에 따른 서비스별 암호화키 생성 및 관리

① 암호화키 보호성

- 암호화키는 마스터키에 의해 암호화되어 저장, 주기적으로 교체관리

② 마스터키 비밀성·가용성

- 사용자, Admin, 개발자도 마스터키 알 수 없음

- 서비스를 위해 마스터키의 일부가 유실되더라도 알고리즘에 의해 마

스티키 재구성 가능

③ 상호 운영성, KMS 가용성

- KMIP Key Management Interoperability Protocol 프로토콜을 사용해 상호 운영성 보장

- KMS를 Active-Active 상태로 Scale Out

④ Dual 운영 모드 지원

- 운영 버전(KMS Full version with Agents)

- 개발을 위한 버전(KMS Light version without Agents)

⑤ Multi-Tenant 지원

- Multi-Tenant별·시스템별·서비스별 별도의 마스터키가 생성 관리됨

2.8 Identity & Access Management

Cloud Service에서의 고객 기준정보의 통합 관리 및 서비스 간의 Seamless
한 접근 제공

① 사용자 관리의 Secure Multi-Tenant 지원

- Tenant별로 사용자를 관리할 수 있는 Tenant 간 권한부여 및 역할
접근 통제

- 사용자별 역할·그룹·권한 부여

- Identity Store에 접근하기 위한 정보 및 Scheme, Policy 등록 및 설
정을 통한 사용자 데이터 동기화

② Single Sing-On & Token 관리

- SAML Token을 사용해 IAM과 Application Server들 사이를 Server-
Based Token으로 Seamless하게 인증할 수 있도록 제공

- 그룹별 권한 및 Tenant별 접근부여기능 제공

③ Mobile Authentication & API Access

- API management, API Gateway, Mobile 등과의 연계를 위해 OAuth 2.0을 통한 인증기능 제공

2.9 Service Development Support

IoT/Big Data 기반의 서비스 개발을 지원하는 다양한 개발 툴 제공

① 브라이틱스 IoT

- IoT 관리자용 시스템 UI 제공

- IoT 모니터링 기능 제공

- 이벤트 기반 Rule Script 개발 환경 제공, Test/Commit 가능

- IoT 데이터 발생이 가능한 가상디바이스 연결 에뮬레이터 제공

② Data Preparation

- 데이터 수집용·관리자용 시스템 UI 제공

- GUI 기반 데이터 수집 흐름처리기능 제공

- 작업별 설정 편의기능 제공

- 스케줄링·테스트 기능 제공

부록 2. 빅데이터 분석 플랫폼 *

브라이틱스 소개

빅데이터 분석을 위해서는 기존의 방식으로는 한계가 있으며, 다양한 요소기술 및 맞춤형 인프라가 필요하다. 기존 방식으로 처리하기 어려운 많은 데이터의 빠른 처리와 분석을 통한 미래 예측 및 BI Business Intelligence 의 한계를 넘기 위해서는 그에 적합한 플랫폼이 필요하다. 다음은 적합한 플랫폼을 만들 때 고려해야 하는 요소이다.

· 다양한 형태의 많은 데이터를 어떻게 효율적으로 빠르게 수집할 수 있을까?
· 많은 양의 데이터를 어떻게 저렴한 스토리지 비용에 담아 효율적으로 사용할 수 있을까?
· 어떻게 하면 좀 더 빠르고 정확한 분석으로 미래를 예측할 수 있을까?
· 어떻게 하면 데이터나 분석 결과를 다양한 타 시스템으로 쉽게 보내고 쉽게 보여줄 수 있을까?

· 삼성SDS 'Brightics™ v2.0 Suite' Sales Material(2016b)를 참고했다.

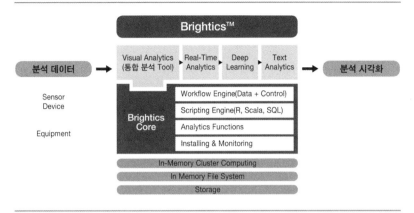

자료: 삼성SDS 'Brightics™ v2.0 Suite' Sales Material(2016b).

브라이틱스는 복잡한 기업환경에서 최적의 빅데이터 분석환경을 제공하는 삼성SDS의 통합 플랫폼이다. 센서, 이미지, 텍스트 등 다양한 유형의 데이터를 수집해 고속 병렬처리가 가능한 In-Memory에 기반을 두고 저장, 처리, 분석, 시각화하는 빅데이터 분석 플랫폼이라고 할 수 있다. 기존의 분석 방식으로는 처리가 불가능한 대용량 데이터의 빠른 처리 및 분석이 필요하고 다양한 사용자 수준과 목표를 지원하는 분석 툴 및 자동화 기능이 필요해지고 있다. 또한 빅데이터 시각화에 적합한 기술과 복잡한 고객 환경에 최적화된 의사결정 지원기능도 필요하다.

브라이틱스는 메모리 분산처리 기술에 기반을 둔 대용량 데이터의 빠른 분석과 시각적 분석 기능을 통합 제공한다. 브라이틱스의 주요 특징은 다음과 같다.

① 데이터 준비

- 다양한 데이터 소스 연동

  - RDB, HDFS, CSV 파일 지원

  - 실시간 데이터, 비정형 텍스트 데이터

② 데이터 탐색

- Visual & Interactive 데이터 탐색 및 시각화

  - 분석 데이터와 시각화 차트의 Seamless 한 데이터 연동으로 직관적인 데이터 분석이 가능

- 고속의 분산 데이터 처리

  - 다양한 대용량 분석함수: 데이터 전처리, 군집·판별 분석, 회귀 분석 관련 함수를 120개까지 제공

  - R Distribute(Node): 브라이틱스 Core(Spark) 분산처리 지원

  - SAS의 Open Planform Viya와 인터페이스를 통한 다양한 함수 제공(VDMML, Statistics, Scenario Designer 등)

  - 기타 3rd Party 솔루션 연계: ETL, BI, Visualization 관련 솔루션 등과 연계 지원

③ 모델링

- 다양한 데이터 소스 연동

  - 데이터와 Workflow를 한눈에 보면서 시각적인 분석이 가능한 통합 분석환경 제공

  - 실시간 분석, Text 분석, Deep Learning 관련 기능 제공

- 편리한 분석 모델링 지원

  - 워크플로 생성 시 사용자의 마우스 동작을 최소화할 수 있는 퀵메뉴(삭제, 연결, 복제) 기능 제공

- 함수 선택 시 키워드 선택 및 입력을 통해 검색 지원 및 다수의 전처리 함수 제공
- 모델 공유 및 리포트
  - 모델 Import/Export 기능으로 모델 공유가 가능하고 원하는 차트 및 테이블에 대해 리포트 기능 제공

④ 모델 평가
- 모델 시뮬레이션
  - 데이터 및 파라미터 선택에 따라 분석모델의 결과 시뮬레이션 기능을 제공
- 분석모델 평가
  - 평가함수를 통해 분석함수에 대한 정확도를 수치와 그래프로 제공해 적합한 모델 선정을 위한 가이드 제공

⑤ 설치·관리
- 설치·설정 자동화
  - 빅데이터 전문가가 아닌 사람에게도 One Click으로 빅데이터 분석에 필요한 서비스 설치기능 제공
- 손쉬운 서비스 관리
  - 설치된 서비스에 대해 실시간 모니터링 및 관리 기능 제공

2017년 IDC에서 데이터는 매년 30%씩 증가해 2025년까지 163ZB*가 되고 분석영역도 점차 제조공정분석, 고객 행동분석, 상품·서비스 추천, 디바이스 상태분석 등으로 확대될 전망이라고 발표했다.

• 1ZB:1조 1000억 GB, 1GB:영화 한 편 크기

제조 분야에서도 1세대 마이닝을 거쳐 2세대 딥러닝까지 정형 혹은 비정형 데이터에 대한 분석이 이루어져 오고 있다. Rule과 Condition 기반의 1세대 마이닝에서는 자동제어나 로보틱스, 데이터 마이닝, 기계 학습 등의 기술이 사용되고 추론 기반의 2세대는 자연어 처리, 패턴 인식, 딥러닝 등의 기술이 사용된다. 2012년까지는 통계나 기계 학습에 기반을 둔 빅데이터의 예측형 분석Predictive이나 설명형 분석Descriptive이 주를 이루었지만 2016년 이후부터는 딥러닝과 강화 학습에 기반을 둔 인공지능AI 접목으로 지능형Intelligent·처방형 분석Prescriptive까지 가능해지고 있다.

앞서 설명한 브라이틱스도 데이터 분석 모델링을 자동화함으로써 빅데이터를 손쉽게 처리·분석할 수 있는 Brightics™ AI, Brightics™ AI Cloud 버전으로 발전하고 있다. Brightics™ AI는 통상 최소 두 명 이상의 전문가가 최대 3개월 동안 진행하던 작업을 최적의 알고리즘 자동추천 기능을 통해 현업 사용자도 2시간 내에 분석작업을 할 수 있게 한다. 또한 고성능 분산처리 기술을 활용해 3시간 이상 걸리던 작업을 10분 이내로 처리하고 있다.

아직까지는 제조 데이터에 대한 분석 사례가 설비 센서 패턴 변화에 따른 보전 시점 예측이나 제품품질 영향도 분석, 불량 이미지 분석 및 분류 프로세스 자동화, 위험지역의 영상 분석에 기반을 둔 실시간 상황 인지 및 통계 등에 사용되고 있으나 적용 사례가 점차적으로 증가하리라 예상한다.

나오는 말

　이 책의 집필 동기는 외산 솔루션을 원백하기 위한 CMMS/EAM 솔루션을 만들고 현장에 적용하면서, 생산·품질 분야에 비해 상대적으로 시스템화가 덜 된 설비 관련 내용을 정리하려는 데에 있었다. 내용 구상 중 때마침 불어 닥친 4차 산업혁명, IoT, 빅데이터, 인공지능 등의 키워드 영향으로 범위를 제조 IT 솔루션이 적용되는 스마트팩토리 전체 영역으로 확대했다. 여기서 말하는 스마트팩토리는 생산활동과 연관된 모든 자원들이 IT 기술로 연결되고 데이터 기반 분석 결과에 따라 스스로 제어가 가능한 공장을 의미한다.

　많은 사람들이 이야기하듯 제조현장에 IoT, CPS만 도입된다고 전통적인 공장이 스마트팩토리로 바뀌는 것은 아니다. 효율적인 공장이 되기 위해서는 구매, 제조, 물류를 담당하는 공급관리뿐만 아니라 개발관리, 고객관리, 경영관리 등 기업의 모든 공급망 프로세스가 유기적으로 연계되어야 한다. 이를 위해서는 스마트팩토리 관련 구성원 모두가 생산시스템에 대한 체계적인 지식으로 무장할 필요가 있다.

　하이테크 공장은 50만 개 이상의 센서가 부착되고 미리 정의된 1900여 개 이상의 워크플로에 의해 98~99%가 자동으로 운전된다. 신발공장은 대부분 수작업에 의존하며, 이제 막 생산라인에 로봇을 배치하고 신제품 개발에 3D 프린터를 도입하는 수준에 있다. 높은 수율로 부품을 만드는 하이테크 공장과 수요예측에 기반을 두고 고객 맞춤형 완제품을 신속히 만들어야 하는 신발공장에서 요구되는 스마트팩토리의 모습은 다를 수밖에 없다.

스마트팩토리를 바라보는 필자의 관점과 카테고리 분류도 독자들의 견해와 다를 수 있다. 빅데이터, 인공지능 등의 최신 용어 외에 3정5S, TPM, MES 등 일부 고리타분한 내용도 들어 있다. 절대적인 것이 아닌 하나의 의견으로 받아들이고 스마트팩토리를 구현하는 데 조금이나마 인사이트를 얻었으면 하는 바람이다.

"Back To The Basic."

참고문헌

김남영. 2015. 『스루풋 맥스 전략』. 박영사.

김대식. 2013. 『최신설비관리』. 형설출판사.

김명호. 2013. 『생산운영관리』. 두남.

김옥남. 2008. 『수요 예측 체계, 어떻게 구축하나』. LG경제연구원.

김인숙·남유선. 2016. 『4차 산업혁명, 새로운 미래의 물결』. 호이테북스.

김정. 2010. 『생산계획 및 통제』. 형설출판사.

나승훈 외. 2012. 『(설비효율화를 위한) 설비관리시스템』. 형설출판사.

도남철. 2014. 『PLM 이해와 응용』. 생능출판.

매일경제 IoT 혁명 프로젝트팀. 2014. 『사물인터넷: 모든 것이 연결되는 세상』. 매일경제신문사.

문근찬. 2015. 『CPIM 총론』. 한티미디어.

산업통상자원부. 2015a. '스마트공장 기술개발 로드맵'.

_____. 2015b. '스마트공장 수준 진단평가 항목'.

_____. 2015c. '스마트공장 진단·평가모델 세미나 및 공청회'.

삼성SDS. 2015. 'Smart ERP' Sales Material.

_____. 2016a. '브라이틱스 IoT' Sales Material.

_____. 2016b. 'Brightics™ v2.0 Suite' Sales Material.

성기훈. 2014. 「IPv6 기반 Internet of Things(사물인터넷) 기술 동향」. 한국인터넷진흥원.

스리칸스, 모크샤건담(Mokshagundam L. Srikanth)·마이클 엄블(M. Michael Umble). 2005.
　　　『TOC 동기화 경영』. 함정근·최원준 옮김. 동양문고.

스티븐슨, 윌리엄(William J. Stevenson)·추옹 섬치(Chuong Sum Chee). 2015. 『생산운영관
　　　리』. 강종열 외 옮김. 맥그로힐에케이션코리아유한회사.

액센츄어코리아. 2008. 『구매혁신의 기술: 세계를 무대로 뛰어라』. 매경출판.

양보석. 2006. 『(기계설비의) 진동상태 감시 및 진단』. 인터비전.

양성희. 2006. 『(감정평가사대비) 원가관리회계』. 신광문화사.

양인모. 2013. 『(경영자 및 관리자가 알아야 하는) 품질을 축으로 하는 경영』. 제이출판사.

왈리스, 톰(Thomas F. Wallace). 2003. 『SCM의 중심 S&OP: 판매 운영계획』. LG CNS 옮김. 엠플래닝.

왈리스, 톰(Thomas F. Wallace)·밥 스탈(Robert A. Stahl). 2005. 『(SCM의 핵심) 생산계획』. 정현주 옮김. 엠플래닝.

유지철. 2013. 『(스토리텔링) 생산경영』. 한올출판사.

윤재홍. 2013. 『생산운영관리』. 한경사.

이시이 마사미쓰(石井正光). 2005. 『(가장쉬운) 도요타 생산방식 입문』. 한 유키코 옮김. 동양문고.

이정아. 2015. 「사이버물리시스템(CPS) 기반의 사회시스템 최적화 전략」. ≪IT&Future Strategy≫. 한국정보화진흥원.

이정아·김영훈. 2014. 『인더스트리 4.0과 제조업 창조경제 전략』. 한국정보화진흥원.

이케다 요시요·곤도 다카시·기무라 도모노리 편저. 2006. 『PLM전략: CRM·SCM을 뛰어넘는 신경영 패러다임』. 강승현 옮김. 한스컨텐츠.

이훈영. 2012. 『(이훈영교수의) 연구조사방법론』. 청람.

장성기. 2014. 『물류관리론』. 두남.

정구철. 2011. 『Smart factory: 무병장수를 통한 가치혁신 방법론』. GS인터비전.

정남기. 2005. 『성과를 200% 끌어올리는 TOC』. 한언.

_____. 2013. 『TOC 재고관리: 매출증대와 재고감축의 핵심엔진』. 시그마프레스.

정동곤. 2013. 『(스마트매뉴팩처링을 위한) MES 요소기술』. 한올.

정일구. 2011. 『(현장에서 완성하는) 도요타 생산방식』. 시대의창.

정재권·백대기·곽종민. 2015. 『(최신) 원가회계』. 하런.

정지복. 2014. 『생산관리』. 학현사.

조윤정. 2015. 「국내 제조업 고도화 방안으로서 스마트공장의 가능성」. KDB산업은행.

주순제. 2005. 『세상에서 가장 재미있는 원가 이야기』. 원앤원북스.

주호재. 2014. 『글로벌 비즈니스 SCM으로 정복하다: supply chain management』. BM성안북스.

최재석 외. 2012. 『구매·자재관리 총론』. KPBI 한국구매경영원.

최진욱·김창은·유정상. 2010. 『공장관리와 설비관리: TMP추진활동중심』. 한올출판사.

캐드앤그래픽스 엮음. 2005. 『PLM guide book: PDM을 중심으로』. BB미디어.

코타니 시게노리(小谷重德). 2011. 『토요타 생산방식: 이론에서 실무까지』. 송한식 외 옮김. 한

경사.

하원규·최남희. 2015. 『제4차 산업혁명: 초연결·초지능 사회로의 스마트한 진화 새로운 혁명이 온다!』. 콘텐츠하다.

한국경영혁신연구회. 2009. '도요타 생산시스템(TPS)'.

한국산업기술대학교. 2007. 「중소기업 원부자재 구매패턴 조사를 통한 구매방식 개선방안 연구」. 중소기업청.

한국표준협회. 2015. 스마트공장 표준화 세미나.

한국ICT융합네트워크. 2014. 「ICT 융합 Issue Report」(제3호).

한상찬·양광모. 2011. 『(현장중심) 생산계획 및 통제시스템』. 청문각.

BITKOM(독일연방정보통신협회)·VDMA(독일기계설비공업협회)·ZVEI(독일전기전자제품제조업체협회). 2015. '독일 4차 산업혁명 참조모형 RAMI 4.0'.

APICS. 2013. *Execution and Control of Operations(Instructor Guide Version 3.2)*. APICS.

Battaglia, Alfred J. 1994. "Beyond logistics: supply chain management." *Chief Executive*.

Fogarty, Donald W., John H. Blackstone and Thomas R. Hoffmann. 1990. *Production and Inventory Management*. South-Western Publishing Company.

James P, Womack and Daniel T. Jones. 2003. *Lean Thinking: Banish Waste and Create Wealth in Your Corporation*. Free Press.

Jeschke, Sabina. 2013. "Drivers and Challenges of Cyber Physical Systems".

OXFORD ECONOMICS. 2016. "Smart, Connected Products: Manufacturing's next transformation".

Scheer, August-Wilhelm. 2015. "Industrie 4.0: Von der Vision zur Implementierung".

Scully, Padraig. 2016. "5 Things To Know About The IoT Platform Ecosystem." https://iot-analytics.com/5-things-know-about-iot-platform(검색일: 2017.4.17).

The Educational Society for Resource Management. 2001. *Apics CPIM Participant Guide Master Planning of Resources*. APICS.

Wireman, Terry. 2008. *Successfully Utilizing CMMS/EAM Systems*. Industrial Press.

* 원저자를 찾지 못해 게재 허락을 받지 못한 부분은 저작권자가 확인되는 대로 정식 동의 절차를 밟도록 하겠습니다.

찾아보기

지은이

/

정동곤

대학에서 산업공학을 전공하고, 대학원에서 MBA 과정을 마쳤다. 1993년부터 삼성
SDS에서 제조 IT 솔루션 개발 및 현장 적용 프로젝트를 수행해오고 있다. 반도체,
디스플레이, 2차전지, 케미칼, 조선, 전자 부품, 오일·가스, 신발, 제조 장비, HDD,
PCB 등 국내외 많은 제조 현장에서 컨설팅(ISP/BPR), SCADA, CMMS/EAM, MES,
ERP, SCM 관련 프로젝트를 다수 수행했으며, 2000년에 기술사(정보관리)와 CPIM
(국제공인생산재고관리사) 자격을 취득했다. MES 솔루션 개발 관련 '삼성SDS인 상'
(2010)을 팀원들과 함께 수상했고, CMMS/EAM 솔루션을 기획·개발 및 출시하면서
기술 특허 2건을 출원했으며(2015), '삼성SDS인 상(솔루션 상)'(2017)을 수상했다.
저서로는 『스마트매뉴팩처링을 위한 MES 요소기술』(2013)이 있으며, 지금도 현장
에서 스마트팩토리 관련 비즈니스를 수행하고 있다.

이메일 duncan.chung@kakao.com

한울아카데미 2020

스마트팩토리
제4차 산업혁명의 출발점 (제2판)

ⓒ 정동곤, 2020

지은이 ǀ 정동곤
펴낸이 ǀ 김종수
펴낸곳 ǀ 한울엠플러스 (주)

초판 1쇄 발행 ǀ 2017년 8월 16일
2판 1쇄 발행 ǀ 2020년 6월 15일

주소 ǀ 10881 경기도 파주시 광인사길 153 한울시소빌딩 3층
전화 ǀ 031-955-0655
팩스 ǀ 031-955-0656
홈페이지 ǀ www.hanulmplus.kr
등록번호 ǀ 제406-2015-000143호

Printed in Korea.
ISBN 978-89-460-6908-4 13560

* 책값은 겉표지에 표시되어 있습니다.